人力资源和社会保障部国家级规划教材
中高职贯通数字媒体专业（VR方向）
一体化教材

3ds Max
虚拟现实
VR基础建模

主编　陈怡怡　徐长存　张乐天

编者　谢圣飞　王哲明　江　宁　邵　童

 南京大学出版社

图书在版编目（ＣＩＰ）数据

3ds Max 虚拟现实 VR 基础建模 / 陈怡怡，徐长存，张乐天主编 . —— 南京 : 南京大学出版社，2021.5
ISBN 978-7-305-23984-7

Ⅰ . ① 3… Ⅱ . ①陈… ②徐… ③张… Ⅲ . ①三维动画软件—中等专业学校—教材 Ⅳ . ① TP391.414

中国版本图书馆 CIP 数据核字（2020）第 227019 号

出版发行　南京大学出版社
社　　　址　南京市汉口路 22 号　　　　邮　编　210093
出 版 人　金鑫荣

书　　　名　**3ds Max 虚拟现实 VR 基础建模**
主　　编　陈怡怡　徐长存　张乐天
责任编辑　刁晓静

照　　　排　南京新华丰制版有限公司
印　　　刷　南京凯德印刷有限公司
开　　　本　889×1194　1/16　印张 8.75　字数 260 千
版　　　次　2021 年 5 月第 1 版　2021 年 5 月第 1 次印刷
ISBN　978-7-305-23984-7
定　　　价　56.00 元

网址：http://www.njupco.com
官方微博：http://weibo.com/njupco
微信服务号：njuyuexue
销售咨询热线：（025）83594756

中高职贯通数字媒体专业（VR方向）一体化教材
编写委员会

主 任 陈云志(杭州职业技术学院)

副 主 任（排名不分先后）

　　　　俞佳飞（浙江省教育科学研究院）

　　　　陈佳颖（浙江建设职业技术学院）

　　　　单淮峰（温州市教育教学研究院）

　　　　苏东伟（宁波市职业与成人教育学院）

秘 书 处（排名不分先后）

　　　　张继辉（杭州市临平区教育发展研究学院）

　　　　陈　伟（余姚市第四职业技术学校）

　　　　罗　杰（杭州楚沩教育科技有限公司）

编委会成员（排名不分先后）

俞佳飞（浙江省教育科学研究院）

陈佳颖（浙江建设职业技术学院）

蔡文彬（南京大学出版社）

陈云志（杭州职业技术学院）

单淮峰（温州市教育教学研究院）

苏东伟（宁波市职业与成人教育学院）

莫国新（湖州市教育局职教教研室）

鲁晓阳（杭州市中策职业学校）

张继辉（杭州市临平职业高级中学）

陈　伟（余姚市第四职业技术学校）

张德发（台州职业技术学院）

佘运祥（杭州市电子信息职业学校）

王恒心（温州市职业中等专业学校）

余劲松（宁波市职业技术教育中心学校）

李淼良（绍兴市柯桥区职业教育中心）

褚　达（UE4教育总监）

史　巍（福建省华渔教育科技有限公司）

文桂芬（上海曼恒数字技术股份有限公司）

罗　杰（杭州楚沩教育科技有限公司）

欧阳斌（福建省华渔教育科技有限公司）

孙　晖（上海曼恒数字技术股份有限公司）

前　言

　　《3ds Max虚拟现实VR基础建模》是虚拟现实应用开发课程体系中的一门核心课程。李克强总理指出：积极开展教学改革探索，把创新创业教育融入人才培养，为国家提供人才智力支撑。本教材着重培养学生虚拟现实VR建模能力，力求培养技工类院校学生的创新创业意识。

【教材编写目标】

　　本书响应《教育信息化"十三五"规划》中提到加快推进示范性虚拟仿真实验教学项目建设精神，并参照软件本身的知识体系进行编写。通过本书的学习，奠定了学生虚拟现实VR建模的专业能力；同时协助学生视觉空间智能开展，培养他们的创造力和创意物化能力。

【教材内容组成】

　　本教材以3ds Max软件为主线，穿插介绍了3ds Max界面基本操作、基本建模、高级建模、材质与贴图等内容，其中最主要包括：旋转与缩放、创建基本几何体、创建复合对象、编辑多边形建模、挤出、倒角、车削、UV贴图和渲染设置等学习内容。

【教材编写特点】

　　一、赋予中国元素

　　本教材以两条主线为学习支脉，一条以VR虚拟建模知识技能为主线，从浅入深；另一条是以中国名著《三国演义》为建模场景视角，从舌战群儒场景到诸葛亮羽扇等物品，力求融入中国历史文化缩影。在建模技能框架中赋予教材灵动的中国元素，让学生在学习创新技能的同时，了解中国的历史、文化和社会信息。

　　二、增加职业模块

　　本教材积级响应国家对技能人才培养目标的设定，增加了职业技能训练任务模块，涵盖专业知识、职业素养和技能操作，夯实学生可持续发展基础，培养学生发展综合职业能力，以适应职业的需求。

三、隐含学法指导

教材编排上，设计"参数解密""技能提示""知识链接""思考填写""尝试解答""读书笔记"等环节，隐含学法指导，引导学生会看、会想、会操作、会反思。同时每章节后面的挑战任务隐含前后知识技能的融合，学习不是照样画葫芦，还要学会融会贯通，看实物玩模型，不仅让学生感知实际的挑战，用已学的知识解决问题，同时也可能会伴随一种不可完成挑战的困惑感，在未知中求真解。

【教材使用建议】

本教材建议总课时为72节，可以根据具体情况进行适当调整，特别是挑战任务和职业技能训练可以开展学生讨论和解决环节。

课时建议表

章	课程内容	教学课时数
1	项目1 舌战群儒——软件基础	2
2	项目2 草船借箭——基础建模	22
3	项目3 三英战吕布——高级建模	28
4	项目4 赤壁之战——材质贴图渲染	20
	合计	72
说明	每周4节。机房教学，上课即为上机，学习与上机合二为一	

在本书的编写过程中，杭州楚沩教育科技有限公司、福建华渔教育科技有限公司及上海曼恒数字技术股份有限公司提供了大量案例及技术支持，在此表示衷心的感谢。由于编者水平有限，书中难免存在一些疏漏和不足之处，恳请大家在使用过程中批评与指正，以便我们修改完善。

编者
2021年4月

目　录

项目1 舌战群儒——软件基础

项目目标:

3ds Max 2016是由Autodesk公司出品的世界顶级三维软件之一。本项目通过观察和摆放"舌战群儒"典故的场景模型,掌握对视图的基本操作;会选择、移动、旋转与缩放对象;会通过对齐和镜像操作陈列物品,为后继建模任务奠定基础。

项目情境:

"舌战群儒"的典故讲述诸葛亮在联盟孙权抵抗曹操的过程中,在吴王宫大殿上遭到东吴诸谋士的责难,但都被诸葛亮——反驳,哑口无言,最终促成两国联合抗曹的故事。

任务名称:

◆ 环视殿堂——视图介绍
◆ 摆放笔砚——对象操作
◆ 陈列桌案——对齐镜像

配套微课　拓展资源

任务1　环视殿堂——视图介绍

【任务描述】

典故：权正聚文武于堂上议事，闻鲁肃回，急召入问曰："子敬往江夏，体探虚实若何？

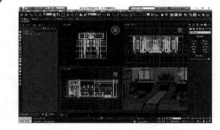

图1-1-1　殿堂

任务目标：学习缩放、平移、旋转视图等基本操作。

殿堂包括殿和堂两类建筑形式，其中殿为宫室、礼制和宗教建筑所专用。

【学习思路】

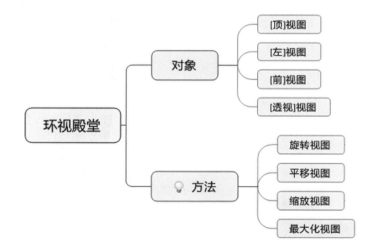

【学习过程】

1. 视图初识

单击3ds Max 2016"标题栏"左上角图标 ，在弹出菜单中单击"打开"，选择"项目—场景素材.max"文件，打开"舌战群儒"的"殿堂"场景，如图1-1-2所示。

图1-1-2　打开文件

"视图区域"是操作界面中最大的一个区域，也是软件用于实际工作的区域。从【顶】【左】【前】和【透视】不同的视图观察"殿堂"模型，【透视】视图中展现的模型效果，符合"近大远小"的视觉特点，如图1-1-3所示。

图1-1-3　透视视图

2. 环视殿堂

（1）一览陈设——旋转视图

在【透视】视图环视"殿堂"，单击界面右下角的"环绕子对象"按钮 ，在【透视】视图中按住鼠标左键进行拖曳，旋转视图，观察"殿堂"的陈设，如图1-1-4所示。

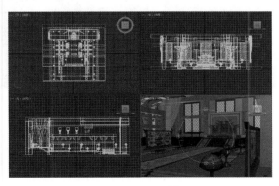

图1-1-4　旋转视图

2. 按住"鼠标中键"进行拖曳，进行平移视图的快捷操作。

（2）一步一景——平移视图

一步一景，观察"殿堂"内部装饰。单击界面右下角的"平移"按钮🖐，在【透视】视图中按住鼠标左键进行拖曳来平移视图，随着视图平移，视角从"殿堂"大门移至桌案、屏风，如图1-1-5所示。

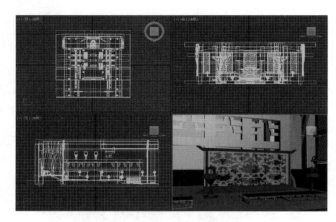

图1-1-5　旋转视图

（3）观察主位——缩放视图

观看"殿堂"的正前方至孙权的主位。通过缩放视图实现从远至近观察。单击界面右下角的"缩放"按钮🔍，在【透视】视图中按住鼠标左键进行拖曳来缩放视图。随着视图的放大，孙权主位上的陈设便一览无余，如图1-1-6所示。

技能提示

滚动鼠标中键滚轮，进行缩放视图的快捷操作。

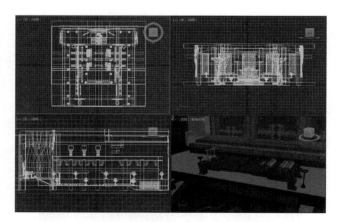

图1-1-6　缩放视图

（4）聚焦故事——最大化视图

环视殿堂，聚焦故事。在【透视】视图中，单击界面右下角的"最大化视口切换"按钮⬛，将该视图切换至最大，如图1-1-7所示。

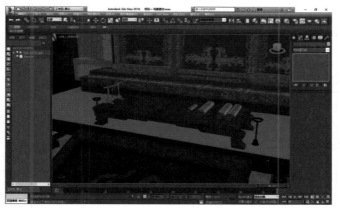

图1-1-7　最大化视图

【任务小结】

通过任务1"环视殿堂"学习，我知道了＿＿＿＿＿＿＿＿＿＿功能和使用方法，学会了运用＿＿＿＿＿＿＿，运用＿＿＿＿＿＿＿。

【自我评价】

说明：满意20分，一般10分，还需努力5分。

完成本任务学习后，请同学们在相应评价项打"√"，完成自我评价。并通过评价肯定自己的成功，弥补自己的不足。

自评　　项目	任务完成	问题解答	笔记补充	技能迁移	团队合作
满意（20）					
一般（10）					
努力（5）					

任务2　摆放笔砚——对象操作

【任务描述】

典故："——岂亦效书生，区区于笔砚之间，数黑论黄，舞文弄墨而已乎？"

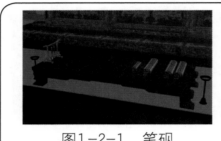

图1-2-1　笔砚

任务目标：学习选择、移动、旋转与缩放对象等基本操作。

笔砚指毛笔和砚台，文房四宝中的两样。

【学习思路】

【学习过程】

回到"殿堂"的场景，任务1中主位桌案上的陈列摆设有几处明显的错误，利用对象操作的技巧，纠正陈列的问题。

1. 移动笔架

调整【透视】视图的视角至主位的桌案上，可以观察到"笔架"的位置处于桌案边缘，并没有处于正确的位置，如图1-2-2所示。

为了将"笔架"放回正确的位置，需要鼠标左键单击主工具栏中的"选择并移动工具"，在【透视】视图中单击选择"笔架"，此时"笔架"会呈现高亮选中状态并显示移动操纵杆，如图1-2-3所示。

图1-2-2　笔架位置

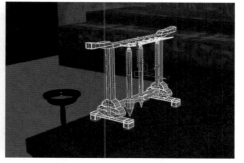

图1-2-3　选择笔架

知识链接

X、Y、Z轴便是组成3ds Max三维空间的长、宽、高三个轴向。三轴的数值代表了该对象在三维空间中的相对位置。

　　鼠标左键按住"笔架"上X轴的箭头进行拖动，实现"笔架"在X轴向上的移动。依次通过拖动X轴与Y轴箭头，便可以将"笔架"放置在正确的位置上，如图1-2-4所示。

　　除了手动拖动坐标轴箭头的方法，还可以在界面下方的状态栏中保持Z轴高度数值不变，输入X轴与Y轴的移动数值，使"笔架"产生相应数值距离的移动效果，如图1-2-5所示。

技能提示

按下快捷键"W"便可以使对象处于选择并移动的状态。

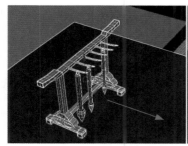
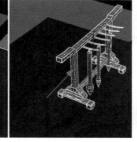

图1-2-4　移动笔架

图1-2-5　调整移动数值

2. 旋转砚台

　　在完成"笔架"位置调整后，继续观察桌案上的陈列摆设会发现桌案上的"砚台"反扣在桌面上，如图1-2-6所示。

　　为了将"砚台"旋转成正面朝上的正确角度，鼠标左键单击主工具栏中的"选择并旋转工具" ，在【透视】视图中单击选择"砚台"，此时"砚台"会呈现高亮选中状态并显示旋转操纵杆，如图1-2-7所示。

技能提示

按下快捷键"E"便可以使对象处于选择并旋转的状态。

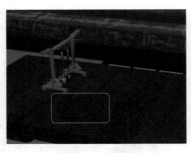

图1-2-6　砚台位置

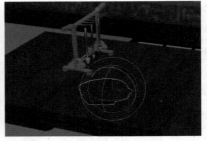

图1-2-7　选择砚台

鼠标移动至"砚台"上Y轴的圆环之上，按住左键进行拖动，便可以实现"砚台"由Y轴以轴向的旋转运动。只要沿着Y轴旋转180°，便可以将"砚台"翻转至正面朝上放置在桌案上，如图1-2-8所示。

还可以在界面下方的状态栏中的Y轴旋转上直接输入数值"180"，使"砚台"产生相应数值角度的旋转效果，如图1-2-9所示。

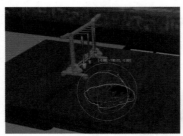

图1-2-8　旋转砚台

图1-2-9　调整旋转数值

3. 缩放竹简

桌案上有一捆"竹简"明显要比其他竹简小一圈，如图1-2-10所示。

为了将此"竹简"缩放至与其他竹简相同的大小，鼠标左键单击主工具栏中的"选择并均匀缩放工具" ，在【透视】视图中单击选择"竹简"，此时"竹简"会呈现高亮选中状态并显示缩放操纵杆，如图1-2-11所示。

图1-2-10　竹简大小

图1-2-11　选择竹简

鼠标移动至"竹简"上缩放操纵杆的中心，按住左键进行拖动时，便可以实现"竹简"等比例放大的效果。直至将"竹简"放大至与其他竹简大小一致，如图1-2-12所示。

在使用"选择并均匀缩放工具" 的前提下，可以在界面下方的状态栏中的任意一个轴上输入缩放数值，其他两轴的数值也会随之改变，使"竹简"产生相应数值的缩放效果，如图1-2-13所示。

读书笔记

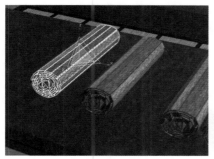

图1-2-12　缩放竹简　　　　图1-2-13　调整缩放数值

鼠标左键单击主状态栏中的"选择对象工具"，在任意视图中单击要选择的对象，就可以让对象处于只被选择的状态。以上便是3ds Max 2016中对象选择、平移、旋转与缩放的操作技巧。

【任务小结】

通过任务2学习，我知道了＿＿＿＿＿＿＿＿＿＿＿＿＿＿＿，学会了运用＿＿＿＿＿＿＿＿＿＿＿，运用＿＿＿＿＿＿＿＿＿＿。

【自我评价】

说明：满意20分，一般10分，还需努力5分。

完成本任务学习后，请同学们在相应评价项打"√"，完成自我评价。并通过评价肯定自己的成功，弥补自己的不足。

问题摘录

自评＼项目	任务完成	问题解答	笔记补充	技能迁移	团队合作
满意（20）					
一般（10）					
努力（5）					

任务3　陈列桌案——对齐操作

【任务描述】

典故：孙权说罢，拔出腰间佩剑，将面前之桌案一剑斩为两段。"再有言降者，此案便是下场。"

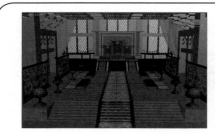

图1-3-1　桌案

任务目标：学习对齐与镜像对象。

桌案在三国时期主要常置书卷或办公之用。

【学习思路】

【学习过程】

打开"殿堂"的场景，观察"殿堂"中陈列摆设，桌案摆放不整齐及桌案缺失，利用对齐与镜像的技巧，解决其陈列问题。

1. 对齐操作

将观察位定于主位附近，调整【透视】视图的视角至俯瞰"殿堂"，观察台下两侧大臣们的桌案，其中一侧的四张桌案没有排列整齐，如图1-3-2所示。

首先，按住Ctrl键鼠标左键依次加选前三张桌案，在单击主工具栏中的"对齐"![icon]，然后在【透视】视图中单击最后那张桌案，如图1-3-3所示。

 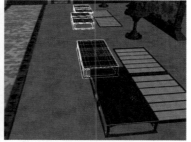

图1-3-2 桌案未对齐　　　图1-3-3 对齐操作

在弹出的"对齐"对话框中，选择"对齐位置（世界）"为"X位置"，在"当前对象"与"目标对象"中均选择"中心"，单击"确定"，如图1-3-4所示。

此时前三张桌案，便以第四张桌案的位置为参考，完成了对齐效果，如图1-3-5所示。

参数解密

　　"对齐位置（世界）"：代表在哪个轴上进行移动对齐。"最小"代表对象坐标的左侧和下方；"中心"代表物体的绝对中心；"轴点"代表物体的轴心位置；"最大"代表对象坐标的右侧和上方。

图1-3-4 对齐设置　　　图1-3-5 桌案对齐

2. 镜像操作

在通过【透视】视图的视角俯瞰"殿堂"时，观察另一侧的桌案只有三张。古人的陈列讲究"对称美"，此处缺少了一张桌案，如图1-3-6所示。

知识链接

　　在3ds Max中物体的中心坐标轴是一种物体属性，在默认情况下，物体的中心坐标轴位于物体的绝对中心。

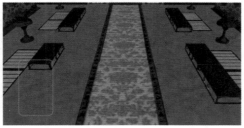

图1-3-6 缺少桌案

技能提示

激活"仅影响轴"选项后，便可以调整物体中心坐标轴的位置，且不影响物体原本的形态与位置。调整完毕后需取消"仅影响轴"选项的激活状态。

首先，使用"选择对象工具"  选中另一侧的第四张桌案，切换到"层次"菜单 ，点击激活"仅影响轴"选项，此时桌案上出现的操作杆，如图1-3-7所示。

图1-3-7　移动中心坐标轴

然后，鼠标右键点击主工具栏中的捕捉开关 ，在弹出的"栅格和捕捉设置"对话框中勾选"栅格线"。此时便可以移动桌案的中心坐标轴，并吸附至Y轴上，直至效果如图1-3-8所示。

技能提示

勾选"栅格线"后，当对象移动至栅格线的附近时，便会被强制吸附到栅格线上，便于精确操作。

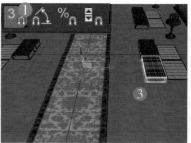

图1-3-8　捕捉设置

最后，鼠标左键单击主工具栏中的"镜像" ，在弹出的"镜像"对话框中，选择"镜像轴"为"X"，"克隆当前选择"为"复制"。复制出另一侧的桌案，如图1-3-9所示。

通过对齐与镜像的操作，完成"殿堂"内桌案陈列的正确摆放。最终效果如图1-3-10所示。

读书笔记

_____

_____

_____

_____

_____

_____

图1-3-9　镜像桌案

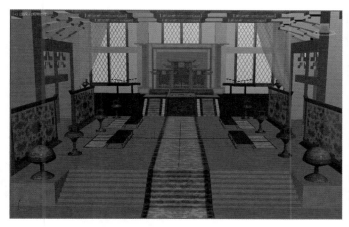

图1-3-10　模型效果

【任务小结】

通过任务3学习，我知道了＿＿＿＿＿＿＿＿功能和使用方法，学会了运用＿＿＿＿＿＿＿＿，运用＿＿＿＿＿＿＿。

【自我评价】

说明：满意20分，一般10分，还需努力5分。

完成本任务学习后，请同学们在相应评价项打"√"，完成自我评价。并通过评价肯定自己的成功，弥补自己的不足。

自评 ＼ 项目	任务完成	问题解答	笔记补充	技能迁移	团队合作
满意（20）					
一般（10）					
努力（5）					

问题摘录

＿＿＿＿＿＿＿＿＿

＿＿＿＿＿＿＿＿＿

＿＿＿＿＿＿＿＿＿

＿＿＿＿＿＿＿＿＿

项目2　草船借箭——基本建模

项目目标：

3ds Max 2016提供了多种基本建模的方式。本项目利用"草船借箭"场景中的箭、战旗、稻草人等制作，掌握基本体、样条线对象、阵列、布尔、挤出、车削、编辑多边形、FFD等操作技能，搭建草船借箭虚拟VR场景的3D模型，为后续高级建模奠定基础。

项目情境：

"草船借箭"讲述周瑜嫉妒诸葛亮智谋，恐日后对东吴不利，欲除之，便让诸葛亮十日内造十万枝箭。诸葛亮答应，并立军令状三天便可完成。诸葛亮请鲁肃暗中为其准备二十只船，利用曹操多疑的性格，乘大雾漫江，调草船诱敌，借敌十万支箭。

任务名称：

- ◆ 制作桌案——基本几何体
- ◆ 制作砖砚——复合对象
- ◆ 制作旗帜——编辑多边形
- ◆ 制作飞箭——阵列
- ◆ 制作碗——样条线
- ◆ 制作稻草人——FFD

任务1　制作桌案

配套微课　拓展资源

【任务描述】

典故：飞箭划过江水，宛若落雨，层层叠叠，密密麻麻，桌案上的茶碗越发地朝一边侧去……

图2-1-1　桌案模型效果图

任务目标：学习长方体和圆柱体基本建模。

桌案在三国时期主要用于放置书卷或办公。

【建模思路】

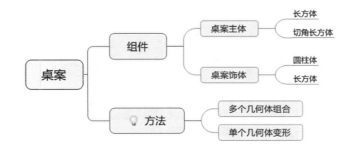

【实体规格】

桌案——长150cm、宽72cm、高40cm

【建模过程】

桌案结构：分为桌面、桌脚、榫卯等。

1. 制作桌案主体（桌面和桌脚）。

启动3ds Max2016，设置单位为"毫米"。

在【顶】视图创建一个切角长方体，作为桌面模型。按照图2-1-2中的①②③步骤，结合"修改"面板  完成操作，形态及参数如图2-1-2所示。

参数解密

切角方长体：

（1）"名称和颜色"卷展栏：在颜色块前面的文本框中可以替物体命名，单击颜色块可以为物体重置一种颜色。

（2）"参数"卷展栏："长度分段，宽度分段，高度分段"微调框可以为物体设置片段数，数值越大修改后物体就越光滑；"圆角分段"可以控制倒角上的片段数量。

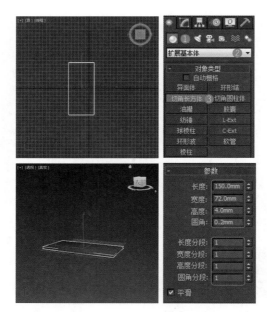

图2-1-2　切角长方体（桌面）的形态及参数

在【顶】视图创建一个长方体，作为桌脚模型，形态及参数如图2-1-3所示。

思考填写

　　结合桌案实体规格和建模规格，请填写图2-1-3长方体（桌脚）参数中高度____mm。

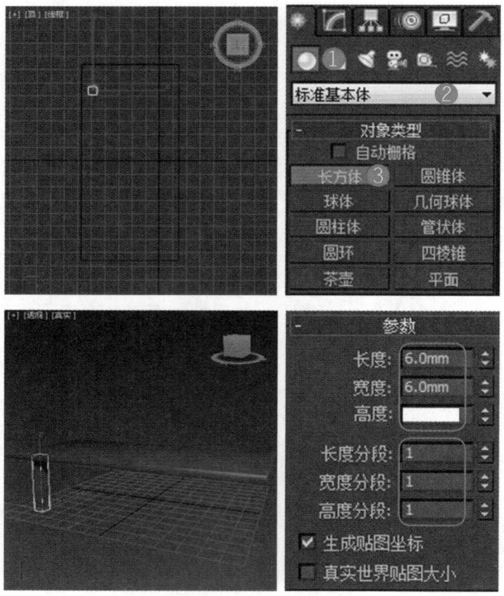

图2-1-3　长方体（桌脚）的形态及参数

在【顶】视图，使用"选择并移动"工具 ⊕ 选择长方体（桌脚），然后按Shift键向右拖曳长方体，接着在弹出的"克隆选项"对话框中设置"对象"为"复制"，最后单击"确定"按钮，完成复制操作，如图2-1-4所示。

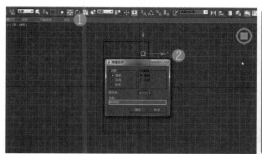
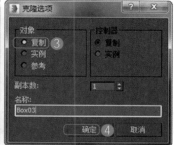

图2-1-4　复制长方体（桌脚）

同样方法复制其他桌脚，并在【前】视图，用"选择并移动"工具 ⊹ 调整桌面与桌脚位置关系，效果如图2-1-5所示。

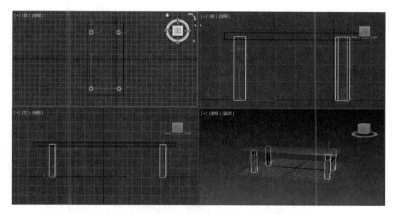

图2-1-5　桌案主体部分效果图

2.制作桌案饰体

在【左】视图创建一个圆柱体，作为桌面修饰，形态及参数如图2-1-6所示。

图2-1-6　桌面修饰形态及参数

技能提示

1.克隆对象方法有两种。方法一：按住Shift键执行变换操作（ ⊹ 、 ↻ 、 ⬚ ）；方法二：菜单栏中选取"编辑"→"克隆"菜单命令。

2.多个对象选择：按住Ctrl键在视图中单击所需的对象。

尝试解答

请动手试一试，改变图2-1-6"切片起始位置"为0，"切片结束位置"为90，圆柱体在[左]视图中将呈现什么形状，请画一画。

在视图布局中，结合顶视图、前视图和左视图，使用"选择并移动"工具，调整好圆柱体位置，如图2-1-7所示。

在【左】视图使用"选择并移动"工具，选择圆柱体，按Shift键向右拖曳圆柱体，复制桌面修饰，如图2-1-8所示。

图2-1-7　调整圆柱体位置　　　　图2-1-8　复制圆柱体

知识链接

　　标准基本体作为3ds Max绘图基本元素，用以创建规则常见几何体，有长体、圆锥体、球体、管状体等。扩展基本体比标准基本的造型更为复杂，有异面体、切角长方体、油罐、纺锤体等。

在【透视】视图创建一个长方体，作为榫卯，形态及参数如图2-1-9所示。

图2-1-9　榫卯形态及参数

在【透视】视图使用"选择并旋转"工具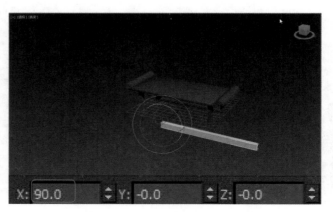，选中长方体（榫卯），沿X方向旋转90度，如图2-1-10所示。

图2-1-10　榫卯旋转操作

在视图布局中，结合顶视图、前视图和左视图，使用"选择并移动"工具 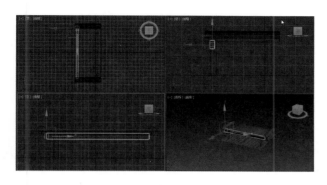，调整好长方体（榫卯）位置，如图2-1-11所示。

图2-1-11　调整长方体（榫卯）位置

在【前】视图使用"选择并移动"工具 ，选择长方体（榫卯），按Shift键向右拖曳长方体，复制榫卯，如图2-1-12所示。

图2-1-12　复制长方体（榫卯）

用同样的方法完成其他修饰体的建模，最终建模效果如图2-1-1所示。

【任务小结】

通过任务1桌案建模学习，我知道了＿＿＿＿＿＿＿＿功能和使用方法，学会了运用＿＿＿＿＿＿＿＿移动模型对象，运用＿＿＿＿＿＿＿＿＿＿＿快捷键复制建模对象。

【自我评价】

说明：满意20分，一般10分，还需努力5分。

完成本任务学习后，请同学们在相应评价项打"√"，完成自我评价。并通过评价肯定自己的成功，弥补自己的不足。

学习思考

长方体和切角长方体有何区别？

＿＿＿＿＿＿＿＿＿

＿＿＿＿＿＿＿＿＿

读书笔记

学无止境，请你通过拓展学习，补充本节内容，比如克隆操作对象3种类型有何区别（复制、实例、参考）

＿＿＿＿＿＿＿＿＿

＿＿＿＿＿＿＿＿＿

＿＿＿＿＿＿＿＿＿

＿＿＿＿＿＿＿＿＿

自评＼项目	任务完成	问题解答	笔记补充	技能迁移	团队合作
满意（20）					
一般（10）					
努力（5）					

问题摘录

挑战过程中，请把你遇到的困惑与问题摘录至下面划线中

_____

_____

_____

_____

_____

职业技能对接

1. 在视图窗口中创建几何体模型并调节大小尺寸。

2. 移动、复制模型。

3. 能通过工具软件制作日用品。

【挑战任务】

大型游戏中需要大量的虚拟现实VR建模，如果你作为游戏开发建模设计师，你看看下图可以分为几个几何体？能否仅用几何体完成如图2-1-13所示效果？欢迎来挑战！

图2-1-13　箱子

【职业技能训练任务】

围棋，中国古代称为"弈"。当今日常生活中，人们常把它的棋具用于五子棋，老少皆宜，趣味横生。请你完成图2-1-14围棋棋盘和棋子建模。友情提示：棋子尝试用"选择并均匀缩放"工具。

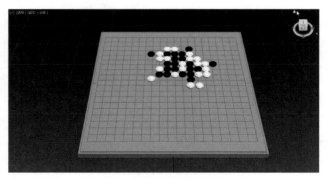

图2-1-14　围棋

任务2　制作飞箭

【任务描述】

典故：操传令曰："重雾迷江，彼军忽至，必有埋伏，切不可轻动。可拨水军弓弩手乱箭射之。"

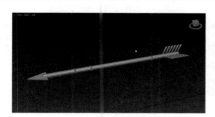

图2-2-1　箭模型效果图

任务目标：学习圆柱体、管状体、棱柱体和阵列操作。

箭在三国时期是一种锋刃的远射兵器。

【建模思路】

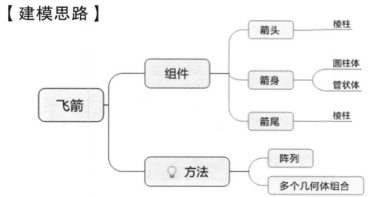

【实体规格】

箭——长70cm

【建模过程】

箭结构：分为箭身、箭头、箭尾等。

1.制作箭身

启动3ds Max2016，设置单位为"毫米"。

在【左】视图创建一个圆柱体，作为箭身模型。按照图2-2-2中的①②③步骤，结合"修改"面板 完成操作，形态及参数如图2-2-2所示。

参数解密

管状体

　　"参数"卷展栏："半径1、半径2"使用较大设置指定管状体外部半径，较小设置则指定内部半径。"高度"设置沿着中心轴的维度。"高度分段"设置沿着管状体主轴的分段数量。"端面分段"设置围绕管状体顶部和底部的中心的同心分段数量。"边数"设置管状体周围边数。

观察图2-2-2"左"视图圆柱体形状，请填写参数中边数___。

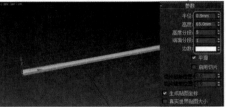

图2-2-2　圆柱体（箭身）的形态及参数

在【左】视图创建一个管状体，作为箭身修饰模型，形态及参数如图2-2-3所示。

图2-2-3　管状体（箭身）的形态及参数

2. 制作箭头

在【顶】视图创建一个棱柱，作为箭头，形态及参数如图2-2-4所示。

图2-2-4　棱柱（箭头）的形态及参数

在【顶】视图使用"选择并旋转"工具，选中棱柱（箭头），沿Z方向旋转90度，如图2-2-5所示。

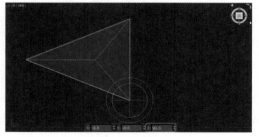

图2-2-5　箭头旋转操作

棱柱：

"参数"卷展栏："侧面（n）长度"设置三角形对应面的长度。"高度"设置棱柱中心轴的维度。"侧面（n）分段"指定棱柱每个侧面的分段数。"高度分段"设置沿着棱柱体主轴的分段数量。

在视图布局中，结合顶视图、前视图和左视图，使用"选择并移动"工具 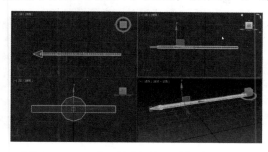，调整好棱柱（箭头）位置，如图2-2-6所示。

图2-2-6　调整棱柱（箭头）位置

3. 制作箭尾

在【顶】视图创建一个棱柱，作为箭尾，使用"选择并移动"工具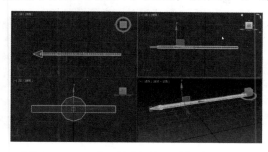，调整好棱柱（箭尾）位置，形态及参数如图2-2-7所示。

图2-2-7　棱柱（箭尾）的形态及参数

在【顶】视图中，选中棱柱（箭尾）对象，单击菜单栏"工具→阵列"命令，在弹出的"阵列"对话框中，设置参数如图2-2-8所示，效果如图2-2-9所示。

图2-2-8　阵列移动参数

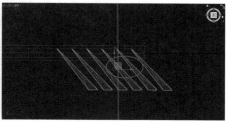

图2-2-9　阵列移动效果

在【顶】视图中，选中所有棱柱（箭尾）对象，进入"层次"面板，在"轴"的"调整轴"卷展栏下单击"仅影响轴"按钮，使用"选择并移动"工具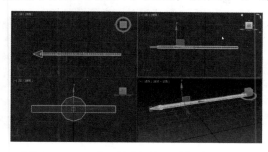对旋转阵列基准点进行调整，步骤与形状如图2-2-10所示。

知识链接

1. 阵列是一种常见的复制对象方式，使用阵列功能可以快速地创建一个规则的复杂对象。通过阵列操作可以实现线性阵列，也可以实现环形或螺旋形阵列。

2. 基准点是对象旋转和缩放时所参照的中心，也是大多数编辑修改器应用的中心。基准点也是一个对象，可以对它使用移动、对齐等变换功能。

技能提示

1.增加选择对象：Ctrl+选择；减少选择对象：Alt+选择。

2.调整对象基准点：选择"层次→调整轴→仅影响轴"，在视图中将显示所选择对象的基准点（即红、绿、蓝的箭头）。

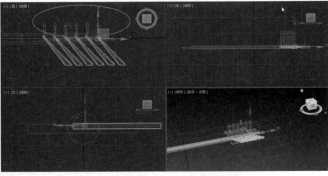

图2-2-10　移动旋转阵列中心点

单击菜单栏"工具→阵列"命令，在弹出的"阵列"对话框中，设置参数如图2-2-11所示。

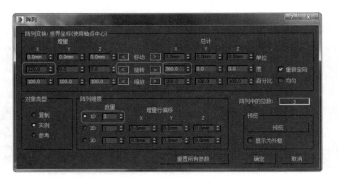

图2-2-11　阵列旋转参数

学习思考

圆柱体和管柱体有何区别？

_____

_____

_____

_____

_____

最终建模效果如图2-1-12所示。

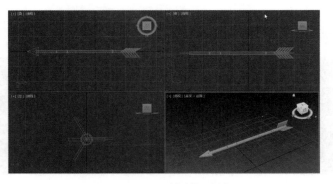

图2-2-12　飞箭模型效果图

【任务小结】

通过任务2飞箭建模学习，我知道了_____功能和使用方法，学会了运用_____水平复制模型对象，运用_____旋转复制建模对象。

【自我评价】

说明：满意20分，一般10分，还需努力5分。

完成本任务学习后，请同学们在相应评价项打"√"，完成自我评价。并通过评价肯定自己的成功，弥补自己的不足。

自评＼项目	任务完成	问题解答	笔记补充	技能迁移	团队合作
满意（20）					
一般（10）					
努力（5）					

【挑战任务】

随着时间流逝，很多物品退出了历史的舞台，比如六足盆架，中国古代用于放脸盆的支架，现渐渐从现代家具中消失。如果你作为建模设计师，你能否通过本节课所学的内容还原它曾有的面貌？请完成如图2-2-13所示效果挑战任务！加油！

图2-2-13　六足盆架

【职业技能训练任务】

现代房屋建筑中，旋转楼梯通常称为螺旋式楼梯，通常是围绕一根单柱布置。由于其流线造型美观、典雅，节省空间而受欢迎。请你完成图2-1-14旋转楼梯建模。温馨提示：扶手采用样条线中的螺旋线。

图2-1-14　旋转楼梯

读书笔记

学无止境，请你通过拓展学习，补充本节内容，比如阵列对话框中参数"增量"和"总计""数量"之间有没有关系？有的话是什么关系？

_____

_____

_____

问题摘录

挑战过程中，请把你遇到的困惑与问题摘录至下面划线中

_____

_____

_____

职业技能对接

1.在视图窗口中创建圆柱形、矩形模型、螺旋线，并调节大小尺寸。

2.能使用菜单栏的工具，复制模型。

3.能通过工具软件制作房屋建筑。

任务3　制作砖砚

【任务描述】

典故：孔明曰："都督且休言。各自写于手内，看同也不同。"瑜大喜，教取笔砚来，先自暗写了，却送与孔明；孔明亦暗写了。两人掌中皆一"火"字。

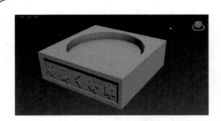

图2-3-1　砖砚模型效果图

任务目标：学习文字、倒角和布尔运算操作。

砖砚是以古砖为材料刻制的砚台，上面有图案文字，不渗水，发墨好。

【建模思路】

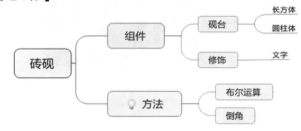

【实体规格】

砖砚——长16.5cm、宽16.5cm、高5.5cm。

【建模过程】

砖砚结构：分为砚台主体和文字修饰。

1.制作砚台主体

启动3ds Max2016，设置单位为"毫米"。

在【顶】视图创建一个长方体，作为砚台模型。按照图2-3-2中的①②③步骤，结合"修改"面板 ✍ 完成操作，形态及参数如图2-3-2所示。

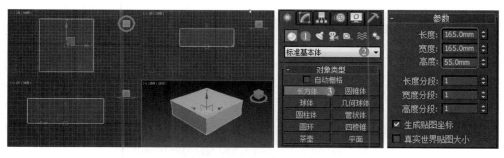

图2-3-2　长方体（砚台）的形态及参数

在【透视】视图创建一个圆柱体，作为形成砚池模型辅助几何体。按照图2-3-3中的①②③步骤，结合"修改"面板☑完成操作，形态及参数如图2-3-3所示。

图2-3-3　圆柱体（砚池）的形态及参数

选中【透视】视图中的圆柱体，单击工具栏中的"对齐"按钮☰，将光标定位到长方体上并单击，弹出"对齐当前选择"对话框，完成设置，形态及参数如图2-3-4所示。

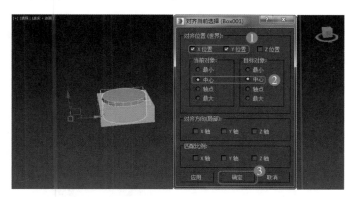

图2-3-4　对齐的形态及参数

选中【透视】视图中的圆柱体，使用"选择并移动"工具✛，沿Z轴方向移动40mm，形态及参数如图2-3-5所示。

参数解密

文本：

　　"参数"卷展栏："大小"设置文字的大小。"字间距"设置文字的间隔距离。"行间距"设置文字行与行之间的距离。"文本"输入区：用来输入文本文字。"更新"按钮：设置修改参数后，决定视图是否立刻进行更新显示。"手动更新"复选框：处理大量文字时，为了加快显示的速度，选中此复选框可以手动指示更新视图。

知识链接

　　1. 布尔运算包括并集、差集、交集和切割。当两个对象交叠时，可以对它们执行不同的布尔运算以创建独特对象。

参数解密

布尔：

"参数"卷展栏："并集"把两个对象合成为一个对象。"交集"只保留两个对象的重叠部分。"差集"从一个对象中减去另一个对象中的重叠部分。"切割"像差集运算那样剪切一个对象，但是保留的是剪切部分。

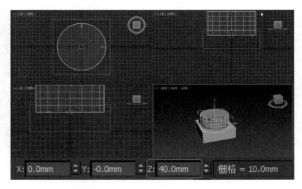

图2-3-5　沿Z轴方向移动圆柱体

在【透视】视图，选择圆柱体（A），然后单击"复合对象"命令面板的"布尔"按钮，具体操作步骤如图2-3-6 ①②③④⑤所示。

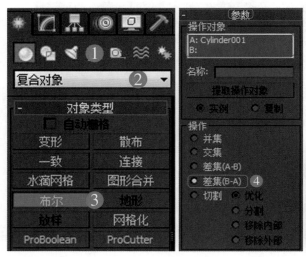

图2-3-6　布尔运算

在视图中选择长方体以指定其为"操作对象B"，系统自动完成差集（B-A）运算，效果如图2-3-7所示。

思考填写

如果按图2-3-8所示选择布尔运算中的A和B对象，产生如图2-3-9效果，应该选择下面哪个操作？请在下图中打勾。

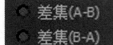

图2-3-7　布尔运算模型效果

在【透视】视图创建一个长方体，长：150mm，宽：140mm，高：40mm。在视图布局中，结合顶视图、前视图和左视图，使用"选择并移动"工具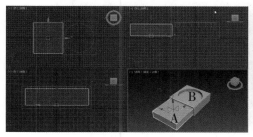，调整好长方体位置，如图2-3-8所示。

用布尔运算完成两个几何体减法运算，效果如图2-3-9所示。

图2-3-8　布尔运算对象及位置关系　图2-3-9　布尔运算差集效果

2. 制作砖砚修饰

在【左】视图创建文本，内容为"永和八年晋"，竖排，作为砖砚修饰，形态及参数如图2-3-10所示。

图2-3-10　文本（砖砚修饰）的形态及参数

在视图布局中，结合顶视图、前视图和左视图，使用"选择并旋转"工具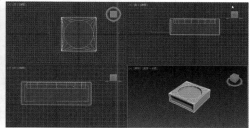和"选择并移动"工具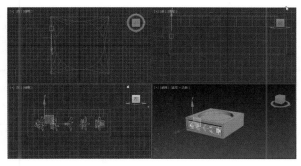，调整文字的位置，如图2-3-11所示。

图2-3-11　调整文本（砖砚修饰）位置

技能提示

1.在使用［布尔］时，一定要注意操作步骤，否则极易出错。一旦执行布尔操作，对模型修改不利，当使用时，需将模型制作到一定精度，并确定模型不再修改时再进行操作。

2.竖排文字除了按回车键外，可选择字体名称前带@符号。比如"@隶书"呈现是竖排文字。

知识链接

"倒角"修改器将图形挤出为3D对象并在边缘应用平或圆的倒角。

参数解密

倒角：

"倒角值"卷展栏："起始轮廓"可以设置轮廓从原始图形的偏移距离。非零设置会改变原始图形的大小。"高度"设置距离。"轮廓"设置偏移距离。

在【透视】视图选择文本图形，给文本添加"倒角"修改器，步骤、参数如图2-3-12所示。

图2-3-12　文本（砖砚修饰）倒角操作

最终砖砚效果，如图2-3-13所示。

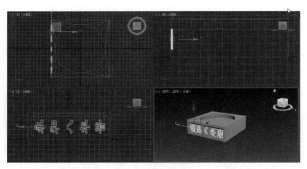

图2-3-13　砖砚模型效果图

【任务小结】

通过任务3砖砚建模学习，我知道了_____功能和使用方法，学会了运用_____创建独特对象，运用_____可以将图形挤出3D对象。

【自我评价】

说明：满意20分，一般10分，还需努力5分。

完成本任务学习后，请同学们在相应评价项打"√"，完成自我评价。并通过评价肯定自己的成功，弥补自己的不足。

项目 / 自评	任务完成	问题解答	笔记补充	技能迁移	团队合作
满意（20）					
一般（10）					
努力（5）					

【挑战任务】

西汉晚期，王莽建新朝，托古改制，滥发货币。"大泉五十"是王莽上台后为解决经济危机而铸行的一种大钱。"泉"是"钱"字的借用。作为建模设计师，你能否通过本节课所学的内容还原它曾有的面貌？请完成如图2-2-14所示效果挑战任务！加油！

温馨提示：文本字体为"金文大篆体"，可先下载安装。

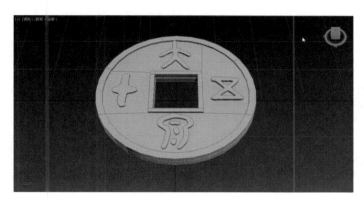

图2-1-14　"大泉五十"古币模型

【职业技能训练任务】

调味罐就是厨房里用来装各种调料的小罐子，质地有玻璃、陶瓷、塑料、骨瓷、不锈钢等。有设计感的调味罐能为厨房增色，放在餐桌上也赏心悦目。请你完成图2-1-15调味罐建模。温馨提示：罐盖缺口用扩展基本体的胶囊几何体作差集运算。

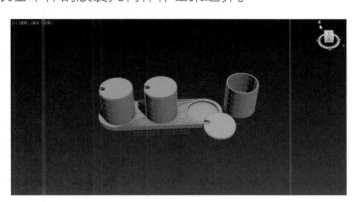

图2-1-15　调味罐模型

问题摘录

挑战过程中，请把你遇到的困惑与问题摘录至下面横线中

_____

_____

_____

_____

职业技能对接

1. 在视图窗口中创建圆柱形、长方体模型，文字图形，并调节大小尺寸。

2. 能使用工具移动模型。

3. 能用布尔运算，倒角修改模型。

4. 能通过工具软件制作生活用品。

任务4　制作碗

【任务描述】

典故：回到营中，教一百人皆列坐，先将银碗斟酒，自吃两碗……

图2-4-1　碗模型效果图

任务目标：学习样条线的用途。

碗在三国时期主要用来饮酒，在桃园三结义、草船借箭等典故中多次提到。

参数解密

"样条线"：

样条线是二维图形的基本组成部分，分别包括线、矩形、圆、椭圆、弧、圆环、多边形、星形、文本、螺旋线、卵形和截面。

其中线是建模中最常用的一种工具，其方法较灵活，形状也不受约束，可以封闭也可以不封闭，拐角处可以是尖锐的也可以是圆滑的。

【建模思路】

【实体规格】

碗——长70cm、宽180cm、高180cm。

【建模过程】

碗的制作步骤：使用创建线、车削、轮平滑等方法分块建模。

1.制作碗的主体

启动3ds Max2016，设置单位为"毫米"。

在【前】视图创建矩形，按照图2-4-2中的①②③步骤，结合"修改"面板 完成操作，形态及参数如图2-4-2所示。

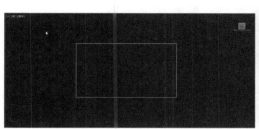

图2-4-2 线条矩形的形态及参数

在【前】视图中，选中 选项中的 创建线，作为碗的基础模型，形态及参数如图2-4-3所示。

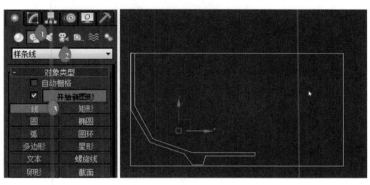

图2-4-3 线条画法的形态及参数

选中边线，单击"修改"面板 下的"对象颜色" 调整线的颜色为白色。

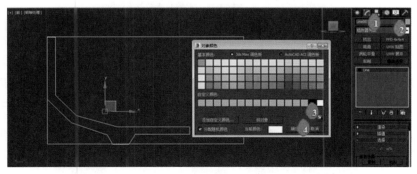

图2-4-4 线条画法的形态及参数

删除参考矩形图案，选中 修改器中的"选择"卷展栏中的"顶点"，然后选中各顶点开始调整如图2-4-5所示。

033

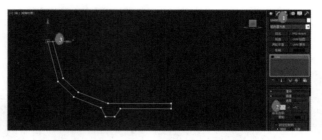

图2-4-5　线条删除的形态及参数

选中"层次面板" ，在"移动/旋转/缩放"卷展栏中选中"仅影响轴"，将坐标轴移到如图2-4-6所示。

尝试解答

如果不使用图
2-4-6的轴参数调
整，车削后会发生
什么？

—————————

—————————

—————————

—————————

—————————

图2-4-6　轴的参数及其形态

选中"修改面板" ，单击"配置修改器集"，在弹出"配置修改器集"窗口中，单击"车削"并将其拖曳到右边选项栏中，设置便捷功能选项，如图2-4-7所示。

图2-4-7　设置配置修改器

单击"车削"，在"参数"卷展栏中调整参数，选中"焊接内核"复选项，并在"分段"输入数字30，车削得到效果如图2-4-8所示。

知识链接

"车削"修改
器可以通过围绕坐
标轴旋转一个图形
或NURBS曲线来生
成3D对象。

图2-4-8　车削的形态及参数

选择模型，选中 ，单击"涡轮平滑"使模型圆润，并用同样的方法完成其他修饰体的建模，最终建模效果如图2-4-9所示。

按M键打开材质编辑器，调整材质编辑器的参数如图2-4-10所示。

拖曳材质球到模型如图2-4-11所示。

图2-4-9　碗的形态

知识链接

"涡轮平滑"：

　　"涡轮平滑"和"网格平滑"都属于平滑类修改器。在同种情况下，涡轮平滑会使模型增加更多的多边形数量，而网格平滑在增加多边形数量上则比涡轮平滑少很多。

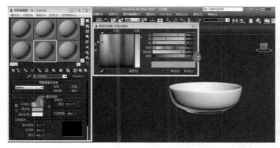
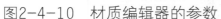

图2-4-10　材质编辑器的参数　　　图2-4-11　给予材质球

使用"选择并移动"工具  选择碗，然后按Shift键向任意方向拖曳，使其复制并调整位置，效果如图2-4-12所示。

图2-4-12　最终效果图

读书笔记

　　请你通过拓展学习，补充本节内容，比如Bezier角点与Bezier使用起来有什么区别？

_____

_____

_____

_____

_____

【任务小结】

通过任务4碗建模学习，我知道了_____功能和使用方法，学会了运用_____挤出模型，运用_____平滑模型。

【自我评价】

说明：满意20分，一般10分，还需努力5分。

完成本任务学习后，请同学们在相应评价项打"√"，完成自我评价。并通过评价肯定自己的成功，弥补自己的不足。

自评＼项目	任务完成	问题解答	笔记补充	技能迁移	团队合作
满意（20）					
一般（10）					
努力（5）					

问题摘录

挑战过程中，请把你遇到的困惑与问题摘录至下面划线中

——————

——————

——————

——————

职业技能对接

1. 在视图窗口中创建线条并调节线条的顶点。

2. 学会使用车削、涡轮平滑等功能。

3. 能通过工具软件制作日用品。

【挑战任务】

酒杯，是现代用来饮酒的器具。基本器型大多是直口或敞口，口沿直径与杯高近乎相等。作为建模设计师，请你尝试使用样条线制作一个酒杯，效果如图2-4-13所示。欢迎来挑战！

图2-4-13　酒杯

【职业技能训练任务】

花瓶文化是古今中外艺术领域的灿烂瑰宝之一。利用造型、装饰图案、纹样、风格口味各不相一的花瓶装饰，在虚拟现实家居空间设计中被广泛采用。请你尝试设计如图2-4-14所示花瓶建模。

图2-4-14　花瓶

任务5 制作战旗

【任务描述】

典故：遥望江北水面朦胧战船，排合江上，旗帜号带，皆有次皆……

图2-5-1 战旗模型效果图

任务目标：学习多边形建模。

战旗在三国时期用于悬挂在城池，或两军对战时，是一支军队的团队精神的体现。

【建模思路】

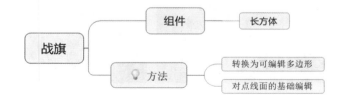

【实体规格】

战旗——长49cm、宽39cm、高0.5cm

【建模过程】

战旗结构：分为战旗主体、战旗尾部等。

1. 制作战旗（主平面）。

启动3ds Max2016，设置单位为"毫米"。

在【顶】视图创建"长方体"，作为战旗模型。按照图2-5-2中的①②③步骤，结合"修改"面板 完成操作，形态及参数如图2-5-2所示。

参数解密

可编辑多边形：将模型对象转换为可编辑多边形对象后，就可以对其顶点、边、边界、多边形和元素分别进行编辑。

编辑多边形有各种控件，可以在不同的子对象层级将对象作为多边形网格进行操作。但是，与三角形面不同的是，多边形对象的面是包括任意数目顶点的多边形。

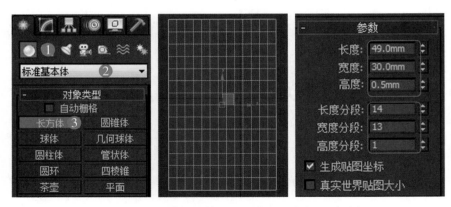

图2-5-2　长方体（战旗）形态及参数

2.制作战旗整体雏形

在【顶】视图，选中"长方体"单击右键，在弹出的快捷菜单中选择"转换为→转换为可编辑多边形"选项。进入"修改"面板，选择"顶点"层级■，对顶点进行编辑移动，如图所示2-5-3所示。

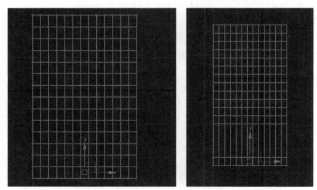

图2-5-3　修改可编辑多边形"顶点"

选择"边"层级■，按照图2-5-4中的①②③步骤，完成边的"连接"，如图2-5-4所示。

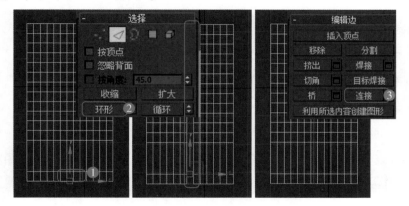

图2-5-4　连接多边形"边"

知识链接

可编辑多边形：

1. 顶点：用于访问"顶点"子对象。

2. 边：用于访问"边"子对象级别。

3. 多边形：用于访问"多边形"子对象级别。

选择"多边形"层级 ■，选中如图所示的面，按"Delete"键进行删除，用于下一步镜像，效果如图2-5-5所示。

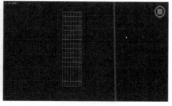

图2-5-5　删除多边形"面"

选中模型单击"镜像" ▐▐，然后选中如图面按Delete删除，效果如图2-5-6所示。

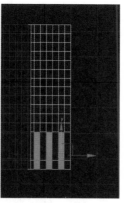

图2-5-6　镜像后"面"编辑

3.制作战旗尾部

在【透视】视图中，选择"边"层级 ◢ 按住Ctrl键并选中如图2-5-7所示的线，后右击选择"连接"处理。

图2-5-7　选择线与连接

选择"边"层级 ◢，按Ctrl选中如图所示的边并延Y轴拖出战旗尾部尖角部分，如图2-5-8所示。

图2-5-8　拉出尖角

技能提示

　　删除多边形的方法是选中对象后直接使用"delete"键

知识链接

　　1. 镜像：类似镜子，在对象的另一侧复制出一个模样与它完全一样，位置相反的对象。
　　2. 实例：该对象与原始对象有关联，编辑其中任何一个对象，另一个对象跟着改变。

知识链接

　　切割：可以在一个或多个多边形上创建出新的边。

在【顶】视图与【底】视图中利用"点"层级 ■ 下的"切割"功能，把战旗旗面进行如图所示切割，切出的点后再通过"目标焊接"将战旗底面点焊接至切割的点，效果如图2-5-9所示。

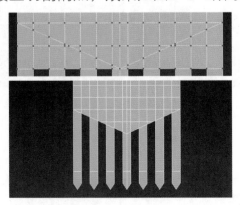

图2-5-9　切割线条

选择"点"层级 ■ 后，对点进行拉伸处理完整处理，效果如图2-5-10所示。

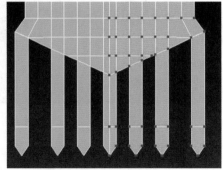

图2-5-10　拉出战旗的边

4. 制作战旗完整效果与贴图

在【透视】视图中，选择如图2-5-11所示的边并右击选择"连接"，用鼠标拖动X轴，效果如图所示。以同样的方法可调整角度，效果如2-5-12。

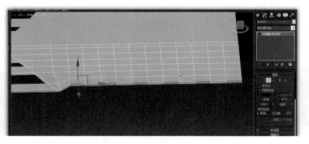

图2-5-11　挤出战旗两侧模型

图2-5-12　战旗两侧效果

在界面上按M键跳出材质编辑器，在材质球调整相应颜色后进行贴图，完整模型如图2-5-13所示。

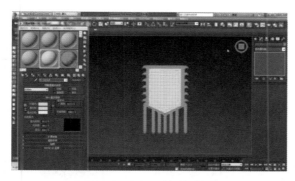

图2-5-13　战旗效果

在【透视】视图中，选中"创建"面板 中的"图形" 下的 文本 工具，创建文字"魏""蜀""吴"，参数如图所示，使用"选择并移动"工具 选择战旗模型，然后按Shift键向右拖曳进行复制，最终效果如图2-5-14所示。

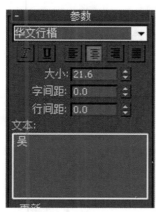

图2-5-14　添加文本和最终效果

技能提示

在英文模式下单击快捷键M可以使用材质编辑器，可以提供创建和编辑材质及贴图的功能，材质将场景更加具有真实感。

【任务小结】

通过任务5战旗建模学习，我知道了编辑多边形对象主要包括_____、边界、_____、_____、_____元素。学会了运用_____翻转对象或复制对象。

041

读书笔记

_____

_____

_____

_____

_____

问题摘录

挑战过程中，请把你遇到的困惑与问题摘录下面划线中

_____

_____

_____

_____

_____

_____

职业技能对接

1．能在控制面板中调节模型的顶点、线、面等元素，改变模型形态。

2．能使用菜单栏的工具，移动、镜像、复制模型。

【自我评价】

说明：满意20分，一般10分，还需努力5分。

完成本任务学习后，请同学们在相应评价项打"√"，完成自我评价。并通过评价肯定自己的成功，弥补自己的不足。

项目 自评	任务完成	问题解答	笔记补充	技能迁移	团队合作
满意（20）					
一般（10）					
努力（5）					

【挑战任务】

《三国志平话》说："武侯引三千军，轻弓短箭，善马熟人，军师素车一辆。"请利用本章节学习技能点完成以下建模，欢迎来挑战！

图2-5-15　诸葛亮的"素车"

【职业技能训练任务】

床头柜，是VR室内设计中常见的模型，人们常在床头柜放一些重要的东西。请结合本节技能点，完成图2-5-16床头柜建模。

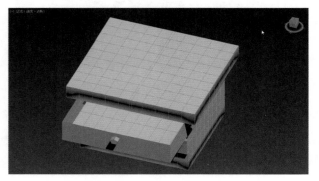

图2-5-16　床头柜

任务6　制作稻草人

【任务描述】

典故：船上皆用青布为幔，各束草千余个，分布两边……

图2-6-1　稻草人模型效果图

任务目标：学习圆柱体、编辑多边形、对称、FFD的用途。

稻草人在《草船借箭》一文中用于借箭。

【建模思路】

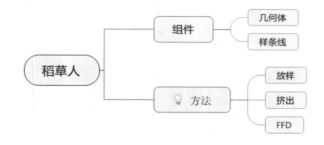

【实体规格】

稻草人——长300cm、宽50cm、高270cm

【建模过程】

稻草人结构：分为下部分、上部分、头部、手臂部分等。

1. 制作稻草人雏形

启动3ds Max2016，设置单位为"毫米"。

在【前】视图创建一个圆柱体，作为稻草人雏形。在菜单中结合"修改"面板 完成操作，形态及参数如图2-6-2所示。

参数解密

圆柱体重要参数介绍：

1.半径：设置圆柱体的半径。

2.高度：设置沿中心轴的维度。负值将在构造平面下创建圆柱体。

3.高度分段：设置沿着圆柱体主轴的分段数量。

4.端面分段：设置围绕圆柱体顶部和底部的中心分段数量。

5.边数：设置圆柱体周围的边数。

思考填写

　　在选中"顶点"层级、"线"层级、"边界"层级、"多边形"层级和"元素"层级时，效果有什么区别？

_____

_____

_____

_____

_____

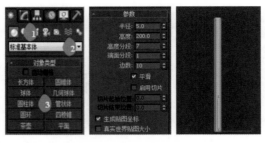

图2-6-2　圆柱体（稻草人雏形）的形态及参数

　　右击圆柱体，在弹出的快捷菜单中选择"转换为→转换为可编辑多边形"选项，结合"修改"面板 完成调整线的位置等操作，如图2-6-3所示。

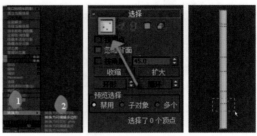

图2-6-3　切换编辑多边形调线方法

　　在"修改"面板 中选择 后如图，按Shift键执行缩放操作 ，然后选择 将模型下部分放大，效果如图2-6-4所示。

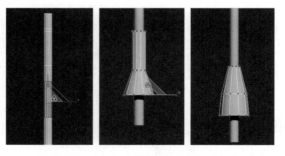

图2-6-4　制作稻草人下部分

同样方法制作其他部分，效果如图2-6-5所示。

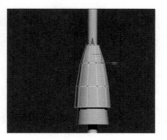

2-6-5　稻草人下部分装饰物

技能提示

　　"线"级别和"面"级别可使用"环形""循环"方法进行快速选择。

2. 制作稻草人下部分饰体

在【前】视图创建一个圆环，作为修饰，形态及参数如图所示，然后右击"角度捕捉工具" 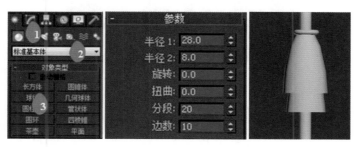，输入角度为45°，调整位置并缩放后如图2-6-6所示。

图2-6-6　稻草人圆环形态位置

在【前】视图创建"圆"，然后在【顶】视图创建"弧"，效果如图2-6-7所示。

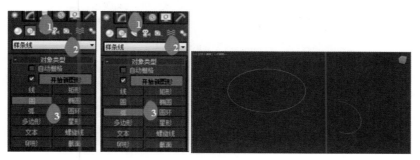

图2-6-7　线和弧效果图

在【顶】视图选中弧后校准轴的准点，效果如图2-6-8所示。

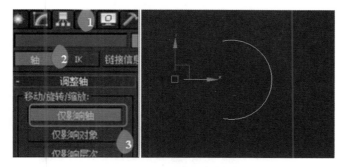

图2-6-8　调整轴点

选中圆形后使用"放样"，步骤如图2-6-9所示，然后选中"获取图形"单击点弧，产生一个三维模型，然后移动到模型上，再用缩放面的操作做出如图2-6-9所示。

尝试解答
　　请动手试一试，改变圆环分段和边数会发生什么?
_____
_____
_____
_____
_____
_____

知识链接
　　"放样"是将一个二维图形作为沿某个路径的剖面，从而生成复杂的三维对象。

图2-6-9　放样后的模型效果图

3. 制作稻草人上部分饰体

在【透视】视图用相同步骤复制缩放出稻草人上部分，然后利用点线移动的方法做出上部分雏形，再利用连接来加线，使模型圆润，完整稻草人上部分模型如图2-6-10所示。

知识链接

在选择了不同的次物体级别以后，编辑多边形的参数设置面板也会发生相应的变化，例如，在"选择"卷展栏下单击"顶点"按钮■，进入"顶点"级别后，在参数设置面板中就会增加两个对顶点进行编辑的卷展栏。

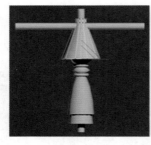 

图2-6-10　稻草人上部分模型

4. 制作稻草人头部

在【透视】视图，利用Shift复制的方法复制相等的圆环，放在稻草人脖子处，然后选中"多边形"级别选中圆柱体上端，效果如图2-6-11所示。

在【前】视图，在"多边形"级别的情况下使用"挤出"修改器，界面如图2-6-12所示，然后将其拉出，调整点效果，如图2-6-12所示。

知识链接

挤出：

"挤出"修改器可以将深度添加到二维图形中，并且可以将对象转换成一个参数化对象。

 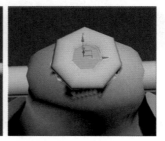

图2-6-11　制作稻草人头部圆环

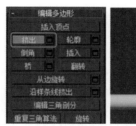

图2-6-12　制作稻草人头部

5. 制作稻草人手臂

在【透视】视图按住Shift键执行缩放操作█复制出手臂装饰物，按住Shift键执行移动操作█复制出圆环，调整位置如图2-6-13所示。

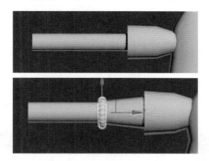

图2-6-13　稻草人手臂装饰物

在【前】视图中，利用多边形█复制出手臂外面部分，调整点█使其变得圆润，如图2-6-14所示。

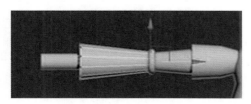

图2-6-14　稻草人手臂完整模型

在【透视】视图中，选中手臂，使用多边形层级将另一侧手臂使用Delete键删除，如图2-6-15所示。

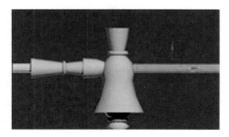

图2-6-15　删除另外一半手臂（便于对称）

读书笔记

　　请你通过拓展学习，补充本节内容，比如修改器中"挤出""切角""轮廓""插入"的作用。

_____

_____

_____

_____

_____

知识链接

　　"对称"修改器可以围绕特定的轴向镜像对象，在构建角色模型时起到特别的作用。

在【透视】视图中，选中手臂圆柱体，然后在修改器中 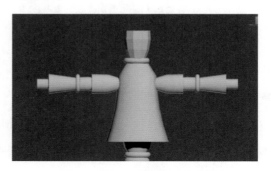 找到"附加"，依次单击手臂所有模型，再选择修改器 卷展栏的"对称"，如图2-6-16所示。

图2-6-16　利用对称做出完整手臂

6. 利用FFD调整模型大小

在【透视】视图中，选中所有模型，在修改器中 找到"FFD4×4×4"，选中整个模型扁平化，使其立体感如图2-6-17所示。

知识链接

　　FFD是"自由变换"的意思。这种修改器是使用晶体框包围住选中的几何体，然后通过调整晶格的控制点来改变封闭几何体的形状。

图2-6-17　利用FFD使其立体化及其完整模型图

【任务小结】

通过任务6稻草人建模学习，我知道了＿＿＿＿＿＿＿＿＿＿＿功能和使用方法，学会了运用＿＿＿＿＿＿＿＿＿＿＿＿使轴两边模型轴相同，运用＿＿＿＿＿＿＿＿＿＿＿＿自由变化模型。

【自我评价】

说明：满意20分，一般10分，还需努力5分。

完成本任务学习后，请同学们在相应评价项打"√"，完成自我评价。并通过评价肯定自己的成功，弥补自己的不足。

项目 自评	任务完成	问题解答	笔记补充	技能迁移	团队合作
满意（20）					
一般（10）					
努力（5）					

【挑战任务】

小黄人是于2015年以3D及IMAX 3D格式在中国上映的美国喜剧动画电影《小黄人大眼萌》中的形象，大型游戏中需要大量的虚拟现实VR建模，请你以游戏开发建模设计师的身份，通过本节课内容设计虚拟现实VR建模，如图2-6-18所示效果。欢迎来挑战！

图2-6-18　小黄人

【职业技能训练任务】

卡通人物的设计是灵活运用3ds Max中"可编辑多边形"中的点、线、面等知识点，并为模型添加颜色贴图、法线贴图、凹凸贴图等效果。请结合本节技能点，完成图2-6-19所示建模。

图2-6-19　小女孩

问题摘录

挑战过程中，请把你遇到的困惑与问题摘录至下面划线中

_____

_____

_____

_____

职业技能对接

1.能通过工具软件制作人物模型。

2.能使用平滑、法线翻转、挤出等命令修改模型。

3.能为模型添加颜色贴图、法线贴图、凹凸贴图等效果。

项目3　三英战吕布——高级建模

项目目标：

  3ds Max 2016高级建模是基础建模操作技能的综合运用。本项目制作"三英战吕布"场景中的雌雄双股剑、马镫、头盔等，综合运用可编辑多边形建模命令与基础建模操作技能，搭建"三英战吕布"虚拟VR场景的3D模型，锻炼学生建模的综合素质。

项目情境：

  "三英战吕布"的典故以刘备、关羽、张飞兄弟三人与猛将吕布的殊死战斗为描述对象，描绘了一场酣畅淋漓的沙场血拼。心系苍生是大仁，挺身而出是大勇，匡扶汉室是大忠，奋而击贼是大义，刘、关、张三人大仁、大义、大忠、大勇之姿跃然纸上。

任务名称：

◆ 制作双股剑——车削

◆ 制作头盔——放样

◆ 制作青龙偃月刀——综合   ◆ 制作马镫——布尔

         ◆ 制作盾牌——对称、壳

任务1 制作双股剑

配套微课 拓展资源

【任务描述】

典故：刘玄德掣双股剑，骠黄鬃马，刺斜里也来助战。这三个围住吕布，转灯儿般厮杀。八路人马，都看得呆了。

图3-1-1 双股剑模型效果图

任务目标：综合运用可编辑多边形建模命令与车削命令完成双股剑模型的制作。

双股剑是刘备的兵器。

【建模思路】

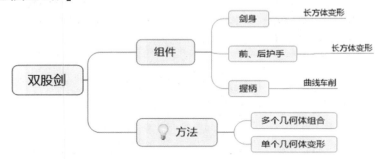

【实体规格】

双股剑——长89.17cm（剑身59.17cm）、宽10cm、高3cm

【建模过程】

双股剑结构：剑身、前护手、握柄、后护手等。

1. 制作剑身主体

启动3ds Max2016，设置单位为【厘米】。

设置视图模式为[真实+边面] [+] [透视] [真实+边面]，在【顶】视图创建一个长方体，作为剑身模型，形态及参数如图3-1-2所示。

图3-1-2　长方体（剑身）的形态及参数

在【透视】视图中使用"选择并移动"工具选择长方体，修改坐标轴参数，如图3-1-3所示。

图3-1-3　坐标轴参数

在【透视】视图中选择长方体单击右键，在弹出的快捷菜单中选择"转换为→转换为可编辑多边形"选项，进入"修改"面板，选择可编辑多边形的"顶点"子对象层级。菜单命令如图3-1-4所示。

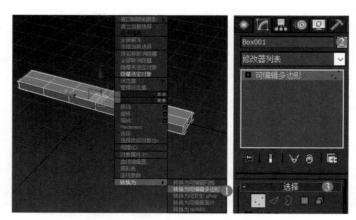

图3-1-4　菜单命令

在【顶】视图中选择剑身顶端的两个点，向前移动制作出剑尖。单击修改器面板中编辑顶点的"焊接"按钮小方块，在弹出的"焊接"命令对话框中，设置参数如图3-1-5所示，并单击确认，将上下的顶点焊接在一起。

按住Ctrl键，加选剑身左右两边的点，以同样的方式将两边上下的点进行焊接，制作出剑刃。

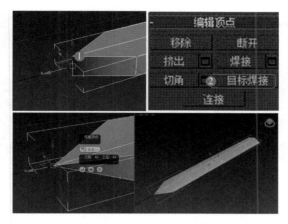

图3-1-5　长方体（剑身）的形态及焊接参数

2. 制作前护手

在【顶】视图中创建一个长方体，作为前护手模型，形态及参数如图3-1-6所示。

图3-1-6　长方体（前护手）的形态及参数

在【透视】视图中使用"选择并移动"工具 选择长方体，修改坐标轴参数，如图3-1-7所示。

图3-1-7　长方体（前护手）坐标轴参数

在【透视】视图中选择对象单击右键，在弹出的快捷菜单中选择"转换为→转换为可编辑多边形"选项，进入"修改"面板，选择可编辑多边形的"顶点"子对象层级。

框选中线上的所有点，使用"选择并均匀缩放"工具 与"选择并移动"工具 ，放大所选点的位置并向前移动，改变长方体形状。菜单命令与效果如图 3-1-8所示。

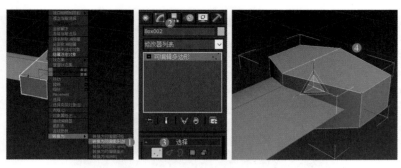

图3-1-8　菜单命令与形态效果

　　在可编辑多边形的"面"子对象层级下，按住Ctrl键加选左右两个面，点击修改器面板中编辑多边形的"挤出"按钮，如图3-1-9所示。

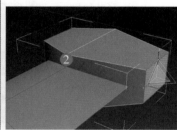

图3-1-9　菜单命令与形态效果

　　按住鼠标左键拖出被挤出的面，并使用"选择并均匀缩放"工具与"选择并移动"工具，调整模型整体。再次选择面，点击"挤出"按钮，直至调整到效果如图3-1-10所示。

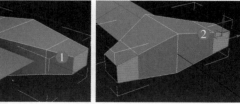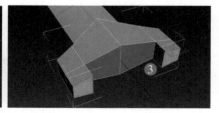

图3-1-10　形态效果

　　在【左】视图中框选"前护手"模型侧面的所有面，单击编辑多边形的"挤出"按钮的小方块，在弹出的"挤出"对话框中设置挤出方式为"局部法线"，挤出数值为1.0，如图3-1-11所示。然后在"顶点"子对象层级下调整顶点位置，使边线变得平直，直至模型调整到效果如图3-1-12所示。

学习思考

"挤出"对话框中的挤出方式有："组""局部法线""按多边形"这三种，请问它们在挤出效果上有何区别？

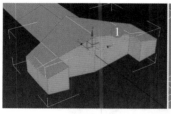  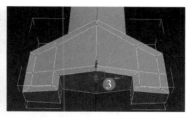

图3-1-11　菜单命令　　　　图3-1-12　形态效果

在"面"子对象层级下，按住Ctrl键加选面，选中模型如图3-1-12所示的正反两面，单击"挤出"按钮，将模型面朝内挤，直至模型效果如图3-1-13所示。

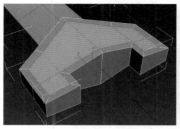 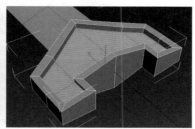

图3-1-13　形态效果

3. 制作剑柄

在【顶】视图中创建一条线段，为制作剑柄做准备，形态及参数如图3-1-14所示。

  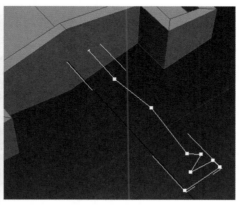

图3-1-14　菜单命令及线段形态

切换到"层次"菜单█，点击激活"仅影响轴"选项，鼠标右键点击捕捉开关，在弹出的"栅格和捕捉设置"对话框中勾选"栅格线"。此时便可以改变物体的中心坐标轴至Y轴上，直至效果如图3-1-15所示。调整完毕后取消"仅影响轴"选项的激活状态。

图3-1-15　菜单命令及线段效果

选择线段对象后，进入"修改"面板，在修改器列表中选择"车削"选项。此时线段出现如图3-1-16的变化，剑柄制作完毕。

学习思考

　　在制作握柄模型过程中，除了"车削"命令外，还可使用哪些方法，达到同样的效果？

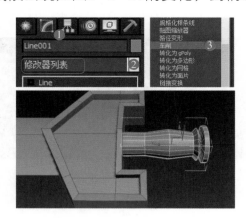

图3-1-16　形态效果

4. 制作后护手

在【顶】视图创建一个长方体，作为后护手模型，形态及参数如图3-1-17所示。

图3-1-17　长方体（后护手）的形态及参数

在【透视】视图中使用"选择并移动"工具🔀选择长方体，修改坐标轴参数，如图3-1-18所示。

图3-1-18　长方体（后护手）坐标轴参数

在【透视】视图中选择创建的长方体单击右键，在弹出的快捷菜单中选择"转换为→转换为可编辑多边形"选项，进入"修改"面板，选择可编辑多边形的"顶点"子对象层级。框选中线上的所有点，使用"选择并均匀缩放"工具，沿Z轴方向进行放大，改变长方体形状。菜单命令与效果如图3-1-19所示。

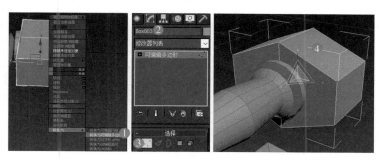

图3-1-19　菜单命令与形态效果

选择可编辑多边形的"面"子对象层级，按住Ctrl键加选上下两边的面，单击"修改"面板中的"挤出"按钮，如图3-1-20所示。

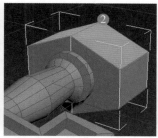

图3-1-20　菜单命令与形态效果

按住鼠标左键拖出被挤出的面，并使用"选择并均匀缩放"工具与"选择并移动"工具，调整模型整体。再次选择面，单击"挤出"按钮，直至调整到效果如图3-1-21所示，最终完成剑模型的制作。

最终完成雌雄双股剑模型的制作，如图3-1-22所示。

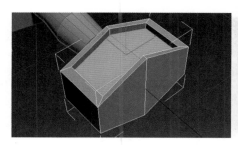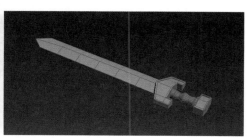

图3-1-21　菜单命令与形态效果　　　图3-1-22　模型形态

读书笔记

【任务小结】

通过任务1"雌雄双股剑"建模学习，我知道了_____，学会了运用_____。

【自我评价】

说明：满意20分，一般10分，还需努力5分。

完成本任务学习后，请同学们在相应评价项打"√"，完成自我评价。并通过评价肯定自己的成功，弥补自己的不足。

项目 自评	任务完成	问题解答	笔记补充	技能迁移	团队合作
满意（20）					
一般（10）					
努力（5）					

【挑战任务】

雌雄双股剑共有两把，在本课学习中我们已经展示了其中一把的制作方法，你能否根据已学的知识完成另一把剑的制作？效果如图3-1-23所示。

图3-1-23　双股剑模型2

【职业技能训练任务】

兰锜：古代兵器架。古代一般将兵器陈放在木制的架子上，这种木架的名称叫"兰锜"，析言之则兰为兵架，锜为弩架。请你完成如图3-1-24所示的兵器架建模。

图3-1-24　兵器架

职业技能对接

1. 能在控制面板中调节模型的点、线、面等元素，改变模型形态。

2. 能使用菜单栏的工具，移动、镜像、复制模型。

3. 能运用平滑、法线翻转、挤出等命令修改模型。

任务2　制作马镫

【任务描述】

典故：吕布纵赤兔马赶来。那马日行千里，飞走如风。

图3-2-1　马镫模型效果图

任务目标：综合运用可编辑多边形建模命令与布尔命令完成马镫模型的制作。

马镫是骑兵必备的装备。

【建模思路】

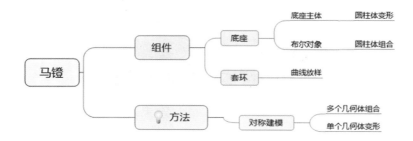

【实体规格】

马镫——长8cm、宽6cm、高20cm

【建模过程】

马镫结构：底座、套环分块建模。

1. 制作底座

启动3ds Max2016，设置单位为【毫米】。

设置视图模式为[真实+边面] [+] [透视] [真实+边面]，在【顶】视图中创建一个圆柱体，作为底座模型，形态及参数如图3-2-2所示。

参数解密

　　［参数］卷展栏："端面分段"微调框可以为圆柱体顶面与底面增加段数。

　　"边数"数值越大，圆柱体就越圆滑。

技能提示

　　在缩放对象时，不但可以通过鼠标拖动缩放工具轴，进行缩放操作，还可以直接在状态栏中输入缩放参数，快速达到缩放效果。

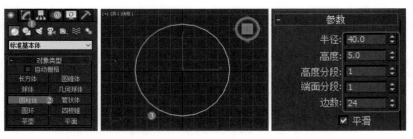

图3-2-2　圆柱体（底座）的形态及参数

　　在【透视】视图，使用"选择并移动"工具选择圆柱体，修改坐标轴参数，使圆柱体位于坐标轴的原点，如图3-2-3所示。

图3-2-3　坐标轴参数

　　在【透视】视图中鼠标左键长按"选择并均匀缩放"工具，在下拉菜单中选择"选择并非均匀缩放"工具，沿X轴进行单轴缩放圆柱体，直至状态栏中缩放参数与模型缩放效果如图3-2-4所示。

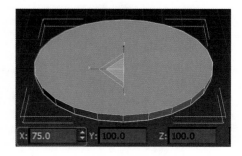

图3-2-4　圆柱体缩放效果及参数

　　在【透视】视图中选择圆柱体单击右键，在弹出的快捷菜单中选择"转换为→转换为可编辑多边形"选项，进入"修改"面板，选择可编辑多边形的"面"子对象层级。菜单命令如图3-2-5所示。

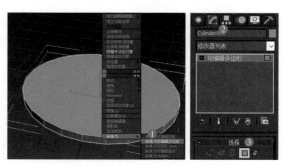

图3-2-5　菜单命令

在【左】视图中框选圆柱体侧面的面，单击"修改"面板中编辑多边形"挤出"按钮的小方块，在弹出的"挤出"命令对话框中，设置参数如图3-2-5，并单击确认，直至模型效果如图3-2-6所示。

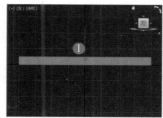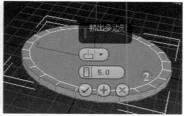

图3-2-6　菜单命令及模型效果

按住Ctrl键鼠标左键加选新产生的面，再次单击"挤出"命令将面向上挤出至图3-2-7所示。

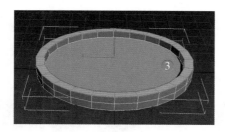

图3-2-7　模型形态效果

在【顶】视图中创建一个圆柱体，形态及参数如图3-2-8所示。

图3-2-8　圆柱体的形态及参数

在【透视】视图中使用"选择并移动"工具选择圆柱体，修改坐标轴参数，如图3-2-9所示。

图3-2-9　圆柱体坐标轴参数

然后按Shift键向右拖曳圆柱体，接着在弹出的"克隆选项"对话框中设置"对象"为"复制"，最后单击"确定"按钮，完成复制操作。再继续调整圆柱体位置，如图3-2-10所示。

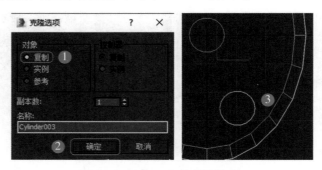

图3-2-10　复制圆柱体

知识链接

默认情况下，对象的中心坐标轴在其内部中心位置，当移动、旋转、缩放时，都以此中心坐标轴为运动轴心。此时激活"仅影响轴"选项，便可在不移动对象的情况下，单独对中心坐标轴的位置进行调整。

切换到"层次"菜单，激活"仅影响轴"选项，此时便可以改变对象的中心坐标轴。鼠标右键点击捕捉开关，在弹出的"栅格和捕捉设置"对话框中勾选"栅格线"。将圆柱体中心轴吸附至Y轴轴线上。菜单命令及效果如图3-2-11所示。

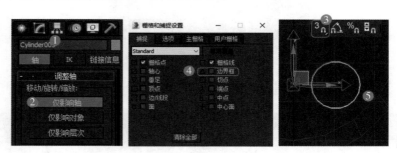

图3-2-11　修改圆柱体中心轴

鼠标点击"镜像"按钮，在弹出的"镜像"对话框中，选择"镜像轴"为"X"，"克隆当前选择"为"复制"，点击"确定"，如图3-2-12所示。

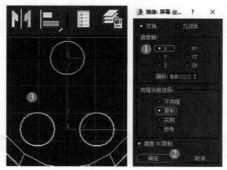

图3-2-12　复制圆柱体

以同样的方式，改变此圆柱体的中心轴至X轴与Y轴的焦点中心，如图3-2-13所示。执行两次"镜像"命令，并分别在弹出的"镜像"对话框中，改变"镜像轴"为"Y"与"XY"。最终模型复制效果如图3-2-13所示。

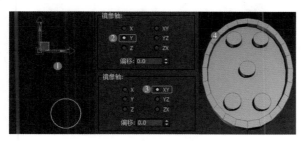

图3-2-13　镜像圆柱体

再次在【顶】视图创建一个圆柱体，模型形态及参数如图3-2-14所示。

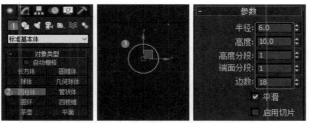

图3-2-14　圆柱体形态及参数

在【透视】视图中使用"选择并非均匀缩放"工具 ，将圆柱体缩放为椭圆柱体，修改缩放坐标轴参数为（60，180，100）。再使用"选择并旋转"工具 修改旋转坐标轴参数为（0，0，-50），最后使用"选择并移动"工具 选择圆柱体，修改移动坐标轴参数为（9.5，-10.5，0）。最终效果如图3-2-15所示。

图3-2-15　圆柱体形态及参数

尝试解答

　请动手试一试，改变"镜像轴"为"Z""YZ""ZX"，观察镜像产生的圆柱体会出现在什么位置，并寻找其规律。

技能提示

　只有新创建的标准基本体才具有调节"参数"的属性，克隆产生的对象是没有可调整的"参数"属性的。

学习思考

此前，镜像圆柱体过程中，经过了三次"镜像"操作完成。此时，能否只执行两次"镜像"完成其他三个椭圆柱体的镜像？

技能提示

"附加"命令会把多个基本体对象合并计算为一个对象，但形态上仍然保持各个基本体的相对形状不变。

参考此前修改对象的坐标中心轴，并且复制与镜像圆柱体的方法，将椭圆柱体复制并镜像，直至模型效果如图3-2-16所示。

图3-2-16　模型形态效果

选择位于中心的圆柱体，单击右键在弹出的快捷菜单中选择"转换为→转换为可编辑多边形"选项，在"修改"面板中，点击"附加"按钮，并依次点击其他圆柱体，直至附加为圆柱体合集。模型效果如图3-2-17所示。

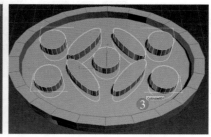

图3-2-17　菜单命令与形态效果

选择此前制作的底座模型，点击创建菜单中的"复合对象→布尔"。对底座模型进行布尔运算。在"操作"中选择"差集A-B"，然后点击"拾取布尔"中"拾取操作对象B"，用鼠标左键点击此前附加完毕的圆柱体合集，直至模型形态效果如图3-2-18所示。

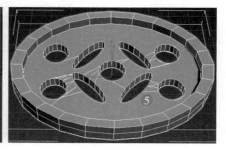

图3-2-18　菜单命令与形态效果

2. 制作套环

在【左】视图使用"样条线→线"工具创建一条"线段"，作为套环模型的路径，鼠标点击时按住拖曳可以改变线段的柔软度。继续使用"样条线→矩形"创建"矩形"，线段形态及参数如图3-2-19所示。

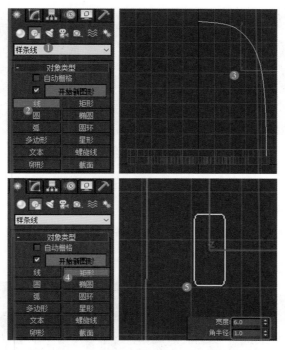

图3-2-19 线段的形态及参数

尝试解答

套环除了使用"放样"命令来制作，还可以使用什么方法制作产生？

选择此前创建的线段，点击创建菜单中的"复合对象→放样"，对线段进行放样操作。在"创建方法"中选择"获取图形"，然后用鼠标左键点击此前创建的"矩形"，修改"放样"命令参数，如图3-2-20所示。

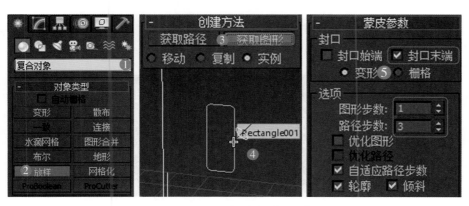

图3-2-20 放样命令及参数

学习思考

　　形状对称的对象，在建模时是否都可以通过只制作一边模型，再对称复制出另一边模型的方式制作？

　　选择该对象单击右键，在弹出的快捷菜单中选择"转换为→转换为可编辑多边形"选项，如图3-2-21所示。并切换到"层次"菜单，点击激活"仅影响轴"选项，并激活捕捉开关。最终将产生模型的中心轴吸附至Z轴轴线上。

图3-2-21　菜单命令与形态效果

　　选择模型，点击"镜像"按钮，在弹出的"镜像"对话框中，选择"镜像轴"为"X"，"克隆当前选择"为"复制"。在修改面板中，单击"附加"命令，并点击镜像产生的另一半模型，模型效果如图3-2-22所示。

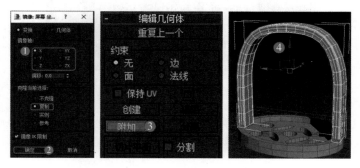

图3-2-22　菜单命令与形态效果

　　进入"修改"面板，选择可编辑多边形的"顶点"子对象层级，框选中线的点，单击"焊接"按钮的小方块，在弹出的"焊接"对话框中设置参数，直至模型效果如图3-2-23所示。

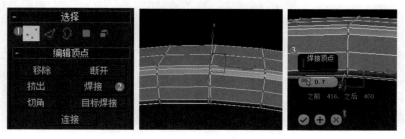

图3-2-23　模型形态效果

选择可编辑多边形的"面"子对象层级，按住Ctrl键加选，选择套环顶端的面，单击"挤出"按钮，将面连续两次向上挤出，如图3-2-24所示。

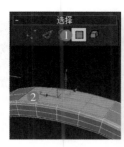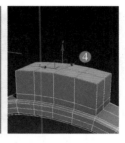

图3-2-24　模型形态效果

再选择挤出后产生的侧边面，继续单击"挤出"按钮，并且使用"选择并均匀缩放"工具 与"选择并移动"工具 对挤出的面进行调整，直至完成模型效果如图3-2-25所示。

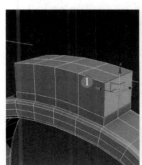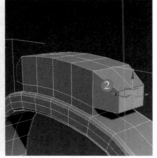

图3-2-25　模型形态效果

继续选择可编辑多边形的"面"子对象层级，按住Ctrl键加选，选择正反两面，如图3-2-26所示。单击"挤出"命令，使用"选择并均匀缩放"工具 缩小面，模型效果如图3-2-26所示。

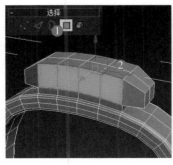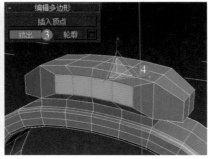

图3-2-26　菜单命令与形态效果

技能提示

按"Delete"键删除选中的面，选择可编辑多边形的"边界"子对象层级，按住Ctrl键点击选择两边的边界，单击"桥"按钮，将两个边的边界连接。模型效果如图3-2-27所示。

技能提示

"桥"命令必须在同一模型对象内使用，如果两个边界分属不同对象，则需要将两个对象附加为同一对象。

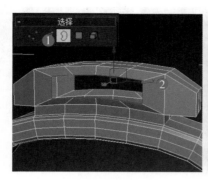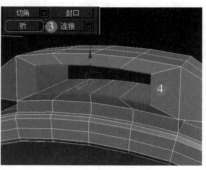

图3-2-27　菜单命令与形态效果

最终完成雌雄双股剑模型的制作，如图3-2-28所示。

图3-2-28　模型形态

读书笔记

_____

_____

_____

_____

_____

_____

【任务小结】

通过任务2"马镫"建模学习，我知道了_____，学会了运用_____。

【自我评价】

说明：满意20分，一般10分，还需努力5分。

完成本任务学习后，请同学们在相应评价项打"√"，完成自我评价。并通过评价肯定自己的成功，弥补自己的不足。

问题摘录

_____

_____

_____

_____

_____

_____

自评　项目	任务完成	问题解答	笔记补充	技能迁移	团队合作
满意（20）					
一般（10）					
努力（5）					

【挑战任务】

在战马上，马镫需要与马鞍安装在一起才能发挥最大功效，你能否完成如图3-2-29所示的马鞍建模效果？欢迎来挑战！

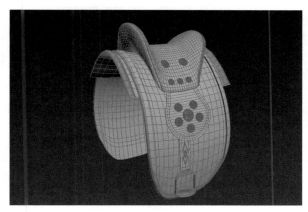

图3-2-29　马鞍

【职业技能训练任务】

驿站：古代供传递军事情报的官员途中食宿、换马的场所，在古代驿站中的马匹由专人在马厩中精心饲养。请你完成图3-2-30"驿站马厩"建模。

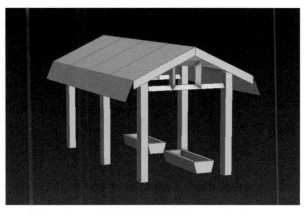

图3-2-30　驿站马厩

职业技能对接：

1．能在控制面板中调节模型的点、线、面等元素，改变模型形态。

2．能使用菜单栏的工具，移动、镜像、复制模型。

任务3　制作头盔

【任务描述】

典故：祖茂曰："主公头上赤帻射目，为贼所识认。可脱帻与某戴之。"坚就脱帻换茂盔，分两路而走。

图3-3-1　头盔模型效果图

任务目标：综合运用可编辑多边形建模命令制作头盔模型。

在战场上头盔起到保护武将头部的重要作用。

【建模思路】

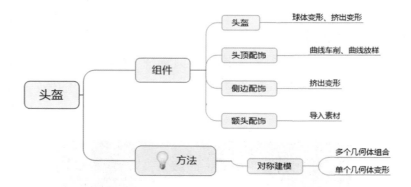

【实体规格】

头盔——长14.4cm、宽8.8cm、高11.8cm

【建模过程】

马镫结构：头盔、头顶配饰、侧边配饰、额头配饰等。

1. 制作头盔

启动3ds Max2016，设置单位为【毫米】。

设置视图模式为[真实+边面] [+] [透视] [真实 + 边面]，在【透视】视图中创建一个圆柱体，作为头盔模型，形态及参数如图3-3-2所示。

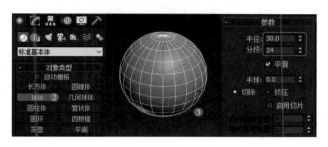

图3-3-2　球体的形态及参数

在【透视】视图中使用"选择并移动"工具 选择球体，修改坐标轴参数，如图3-3-3所示。

图3-3-3　坐标轴参数

在【透视】视图，鼠标左键长按"选择并均匀缩放"工具 ，在下拉菜单中选择"选择并非均匀缩放"工具 ，对球体进行缩放，三轴缩放数值为（80，100，130），直至参数与缩放效果如图3-3-4所示。

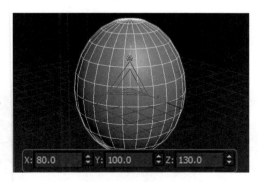

图3-3-4　圆柱体缩放形态及参数

在【透视】视图中选择对象单击右键，在弹出的快捷菜单中选择"转换为→转换为可编辑多边形"选项，进入"修改"面板，选择可编辑多边形的"顶点"子对象层级。菜单命令如图3-3-5所示。

知识链接

尽管提高模型分段数值可以让模型更光滑，模型却不是分段越高越好。由于计算机性能的局限，导入虚拟现实VR引擎中的模型面数都有严格的限制，所以模型的分段应取得形状与面数之间的平衡。

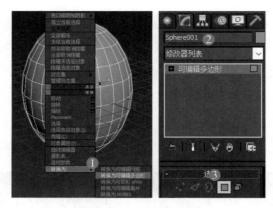

图3-3-5　菜单命令

选择球体下半部的面，按"Delete"键删除球体的下半部分。选择可编辑多边形的"边界"子对象层级，选择半球的边界，并单击"挤出"按钮，对半球边界进行挤出，直至模型形态如图3-3-6所示。

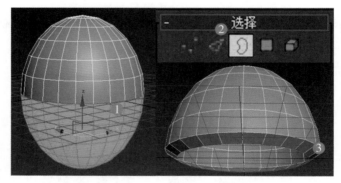

图3-3-6　菜单命令及模型形态

选择可编辑多边形的"顶点"子对象层级，打开"软选择"菜单，勾选"使用软选择"，选择半球上的点，在【左】视图中对头盔形状进行调整，直至模型形态如图3-3-7所示。

技能提示

　软选择是一种非常有效的操作技巧，在以往的选择状态中，我们只能调整选中状态的顶点。当激活软选择后，处于选中状态顶点周围的点，也会根据距离的不同，产生不同程度的影响，方便我们完成变化均匀的顶点调整操作。

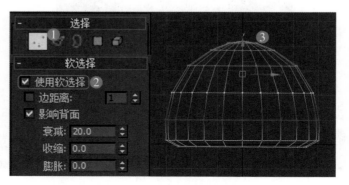

图3-3-7　软选择调整点

完成头盔形态调节后，取消勾选"使用软选择"，并选择可编辑多边形的"面"子对象层级，按住Ctrl键加选如图3-3-8所示的面，点击"挤出"按钮，直至模型形态如图3-3-8所示。

参数解密

"衰减"：决定软选择能够被影响的范围大小。

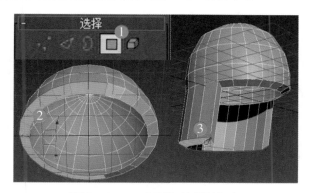

图3-3-8　圆柱体面挤出

选择可编辑多边形的"边"子对象层级，框选如图3-3-9的边，点击"连接"按钮，插入一条边，模型形态如图3-3-9所示。

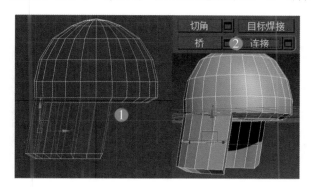

图3-3-9　添加线效果

选择可编辑多边形的"顶点"子对象层级，使用"选择并移动"工具选择模型点，对挤出部分、帽檐部分形态进行调整，如图3-3-10所示。

技能提示

在建模过程中，对模型起到重大影响作用的操作，除了添加各类建模命令，还有就是这些看似普通的调节顶点位置的操作。

图3-3-10　头盔形态调整

选择可编辑多边形的"边界"子对象层级，选择头盔内部模型边界，单击"挤出"按钮，将边向上挤出两次，在挤出过程中，需调整形态如图 3-3-11所示。并最终单击"封口"按钮，完成头盔内部封口操作。模型形态如图3-3-11所示。

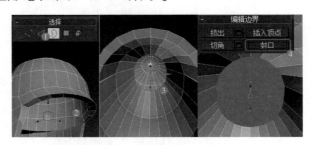

图3-3-11　头盔内部封口

2. 制作头顶配饰

在【左】视图中使用"样条线→线"工具在头盔顶部创建一条"线段"，鼠标点击时按住拖曳可以改变线段的柔软度，为制作头顶配饰做准备，形态及参数如图3-3-12所示。

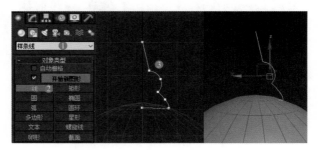

图3-3-12　创建线段

切换到"层次"菜单■，激活"仅影响轴"选项，鼠标右键点击捕捉开关，在弹出的"栅格和捕捉设置"对话框中勾选"栅格线"。此时便可以改变物体的中心坐标轴至Z轴上，直至效果如图3-3-13所示。调整完毕后取消"仅影响轴"选项的激活状态。

图3-3-13　调整线段中心坐标轴

选择对象后，进入"修改"面板，在修改器列表中选择"车削"选项，参数及形态如图3-3-14所示。

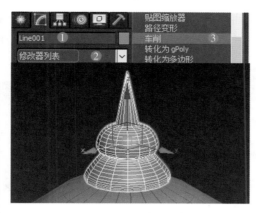

图3-3-14　车削命令

在【左】视图中使用"样条线→线"工具创建一条"线段"，作为头顶配饰模型的路径，鼠标点击时按住拖曳可以改变线段的柔软度。继续使用"样条线→圆"创建"圆"，形态及参数如图3-3-15所示。

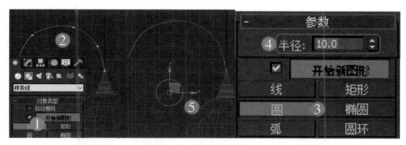

图3-3-15　创建线段与圆

选择创建的线段，在创建菜单列表中选择"复合对象"，点击"放样"按钮。在"创建方法"中选择"获取图形"，然后用鼠标左键点击此前创建的"圆"，模型形态如图3-3-16所示。

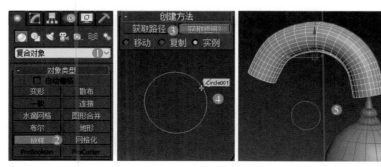

图3-3-16　放样命令

技能提示

在"放样"命令中，获取图形是选择以路径作为主体，在此案例中是以"线段"为主体，"圆"为依据。而获取路径则正好相反，是选择以图形作为主体。

在"修改"面板中，打开"变形"菜单，点击"缩放"，在弹出的"缩放变形"对话框中，切换至"插入焦点"模式 ✳，单击鼠标左键在缩放红线上均匀插入3个焦点，然后切换至"移动控制点模式" ✛，单击鼠标左键并拖动，调整缩放红线形态至如图3-3-17。

学习思考

此"缩放变形"的对话框中，曲线的形态与放样模型的形态之间有什么规律可循？

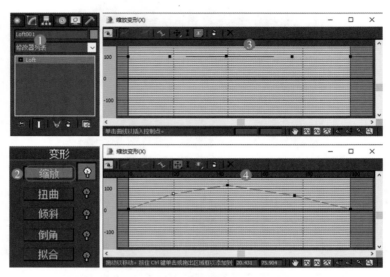

图3-3-17　调整缩放形态

此时放样产生的模型，参数及形态如图3-3-18所示。头顶配饰的制作就完成了。

参数解密

"克隆到对象"：即将克隆产生的对象作为新物体对象。

"克隆到元素"：克隆产生的新对象仍然与原对象一样，都是母对象的子对象。

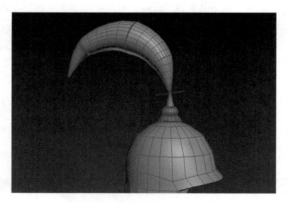

图3-3-18　完成头部配饰

3. 制作侧边配饰

选择可编辑多边形的"面"子对象层级，选择头盔侧边的面，使用"选择并移动"工具 ✛ 同时按住Shift键进行拖曳，在弹出的"克隆部分网格"对话框中选择"克隆到对象"。产生一个新的物体面，如图3-3-19所示。

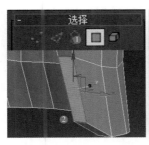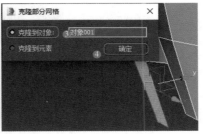

图3-3-19　克隆产生新对象

切换到"层次"菜单，激活"仅影响轴"选项，点击"对齐→居中到对象"。使用"选择并移动"工具 ，与"选择并非均匀缩放"工具 ，调整对象的大小与位置至头盔侧面内侧，如图3-3-20所示。

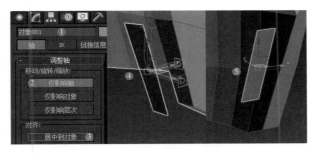

图3-3-20　调整对象中心坐标轴

选择可编辑多边形的"面"子对象层级，单击"挤出"按钮并调整挤出面的相应位置，重复此操作，直至完成侧边配饰的形态塑造。然后选择"顶点"子对象层级，框选侧边配饰末梢的点，单击"焊接"按钮，将点焊接为一个点，模型形态如图3-3-21所示。

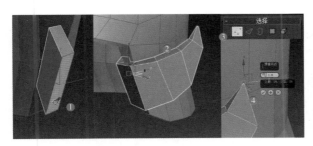

图3-3-21　挤出命令及模型形态

切换到"层次"菜单 ，激活"仅影响轴"选项，鼠标点击捕捉开关，改变物体的中心坐标轴至Z轴上，如图3-3-22所示。并选择侧边配饰模型，点击"镜像" ，在弹出的"镜像"对话框中，选择"镜像轴"为"X"，"克隆当前选择"为"复制"。复制出另一边侧边配饰模型，如图3-3-22所示。

知识链接

在3ds Max中克隆面的操作技巧与克隆对象的操作技巧原理一致。

技能提示

更改完毕中心坐标轴后，进入"修改"面板，在修改器列表中选择"对称"选项。尝试使用"对称"命令来简化操作。

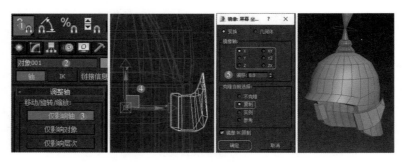

图3-3-22　模型形态效果

4. 制作额头配饰

选择可编辑多边形的"面"子对象层级,选择头盔帽檐部分的面,使用"选择并移动"工具同时按住Shift键进行拖曳,在弹出的"克隆部分网格"对话框中选择"克隆到对象",产生一个新的物体面,如图3-3-23所示。

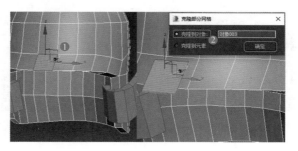

图3-3-23　克隆产生新对象

切换到"层次"菜单，激活"仅影响轴"选项,点击"对齐→居中到对象"。使用"选择并移动"工具，与"选择并非均匀缩放"工具，调整对象的大小与位置至头盔帽檐上方,如图3-3-24所示。

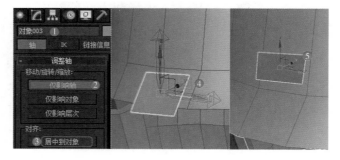

图3-3-24　克隆产生新对象

点击"挤出"按钮,将面挤出厚度,并且使用"选择并均匀缩放"工具与"选择并移动"工具对挤出的面进行调整,然后选择侧边的面,重复多次挤出与调整操作,直至模型效果如图3-3-25所示。

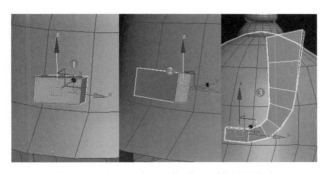

图3-3-25　挤出命令及模型形态

选择此对象后，鼠标右键单击"孤立当前选择"，可以单独显示此对象，如图3-3-26所示。

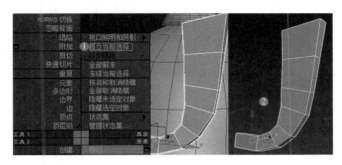

图3-3-26　单独显示对象

视角转到对象背面，选择可编辑多边形的"边界"子对象层级，选择空洞的边界，点击"封口"按钮。然后在"面"子对象层级，删除该对象中线上的面。鼠标右键单击"结束隔离"，如图3-3-27所示。

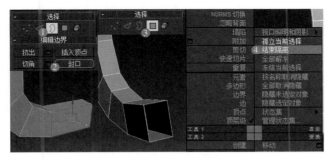

图3-3-27　结束隔离

切换到"层次"菜单，激活"仅影响轴"选项，鼠标右键点击捕捉开关，改变物体的中心坐标轴至Z轴上，效果如图3-3-28所示。点击"镜像"，在弹出的"镜像"对话框中，选择"镜像轴"为"X"，"克隆当前选择"为"复制"，复制出对称部分的头顶配饰模型，如图3-3-28所示。

图3-3-28　模型形态效果

在【左】视图中创建一个圆柱体，并使用"选择并移动"工具![tool]与"选择并旋转"工具![tool]调整圆柱体位置至头盔额头部位，圆柱体参数及位置如图3-3-29所示。

图3-3-29　圆柱体参数及形态

在【透视】视图中选择对象单击右键，在弹出的快捷菜单中选择"转换为→转换为可编辑多边形"选项，进入"修改"面板，选择可编辑多边形的"边"子对象层级，双击选中圆柱体整条环形边，如图3-3-30所示。

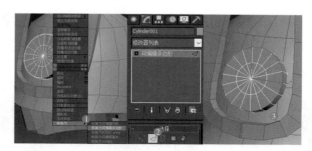

图3-3-30　选择边线

单击"切角"按钮。鼠标左键移动至环形边上，单击并拖曳选择的环形边，对环形边进行切角处理，直至模型效果如图3-3-31所示。

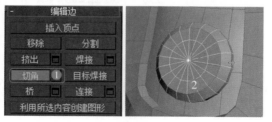

图3-3-31　切角命令及模型效果

点击3ds Max "状态栏" 左上角的图标按钮,在程序菜单中点击 "导入→导入",在呼出的 "导入" 对话框中找到素材的地址,鼠标左键单击 "龙头素材.FBX" 文件,点击 "确定" 如图3-3-32所示。

图3-3-32　导入模型素材

此时龙头模型就已经导入场景中,切换到 "层次" 菜单▇,激活 "仅影响轴" 选项,点击 "对齐→居中到对象"。使用 "选择并移动" 工具▇与 "选择并均匀缩放" 工具▇调整龙头素材至头盔额头位置,如图3-3-33所示。

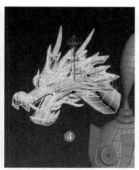

图3-3-33　菜单命令与形态效果

最终完成头盔模型的制作,如图3-3-34所示。

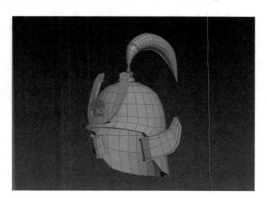

图3-3-34　头盔模型形态

问题摘录

_____

_____

_____

_____

_____

职业技能对接

1. 能在控制面板中调节模型的点、线、面等元素，改变模型形态。

2. 能使用菜单栏的工具，移动、镜像、复制模型。

3. 能运用平滑、法线翻转、挤出等命令修改模型。

【任务小结】

通过任务3 "头盔" 建模学习，我知道了 _____，
学会了 _____。

【自我评价】

说明: 满意20分，一般10分，还需努力5分。

完成本任务学习后，请同学们在相应评价项打 "√"，完成自我评价。
并通过评价肯定自己的成功，弥补自己的不足。

自评 \ 项目	任务完成	问题解答	笔记补充	技能迁移	团队合作
满意（20）					
一般（10）					
努力（5）					

【挑战任务】

在三国时代的战场上，头盔的形态并不是千篇一律的，你能否完成如图3-3-35所示效果? 欢迎来挑战!

【职业技能训练任务】

帽子是古代 "头衣" 的一种，并且是最古老的一种 "头衣"。官帽是官吏的制帽，与 "便帽" 相对。各朝代的官帽形象均有所不同，但均是官僚体制的外化。请你完成图3-3-36 "官帽" 建模。

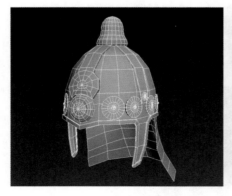

图3-3-35　头盔2模型形态

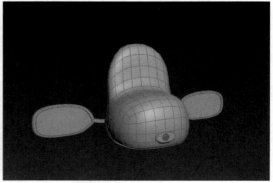

图3-3-36　官帽

任务4　制作盾牌

【任务描述】

典故：两军对垒士兵手拿盾牌，形成一圈大型钢铁盾牌保护自己……

任务目标：综合运用可编辑多边形建模命令与对称、壳等命令完成盾牌模型的制作。

三国时期士兵手中的盾牌在保护自身左侧的同时也掩护了相邻战友身体的右侧。

图3-4-1　盾牌模型效果图

【建模思路】

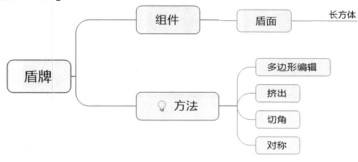

【实体规格】

盾牌——长150cm、宽15cm、高200cm

【建模过程】

制作盾牌主体

启动3ds Max2016，设置单位为【毫米】。

在"前"视图创建一个长方体，作为盾面模型，形态及参数如图3-4-2所示。在"透视"视图中选择对象单击右键，在弹出的快捷菜单中选择"转换为→转换为可编辑多边形"选项。

技能提示

创建可编辑多边形有四种。

方法一：在视图中选择对象单击右键，在弹出的快捷菜单中选择"转换为→转换为可编辑多边形"选项。

方法二：选择对象，进入"修改"面板，在修改堆层列表中右击，在弹出的快捷菜单中选择"可编辑多边形"选项。

方法三：选择对象，进入"修改"面板，从该面板内的修改器列表中选择"可编辑多边形"选项。

方法四：选择对象，在建模选项卡中，选择"建模→多边形建模→转换为多边形"。

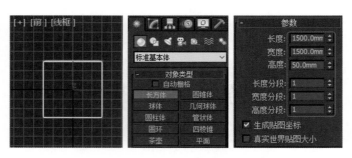

图3-4-2　长方体的形态及参数

在【透视】视图，使用"选择并移动"工具选择长方体，修改坐标轴参数，如图3-4-3所示。

图3-4-3　坐标轴参数

进入"修改"面板，选择可编辑多边形的"边"子对象层级，在【前】视图使用"选择对象"工具，框选上下两条边，点击"连接"按钮，插入一条边，如图3-4-4所示。

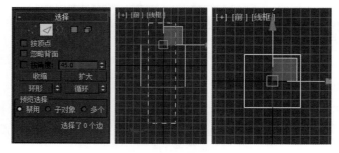

图3-4-4　连接边

在【前】视图，使用"选择对象"工具，选框长方体右一半，按"Delete"键删除，如图3-4-5所示。

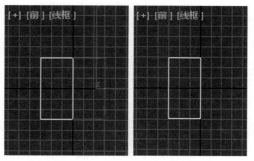

图3-4-5　选择多边形子对象

在【前】视图，使用"选择对象"工具 🖱️，按照之前同样的方法进行"连接"，效果如图3-4-6所示。

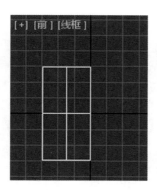

图3-4-6　连接边

进入"修改"面板，选择可编辑多边形的"顶点"子对象层级。使用"选择对象"工具 🖱️和"选择并移动"工具 ✥，在【顶】视图，使用按坐标轴移动顶点，效果如图3-4-7所示。

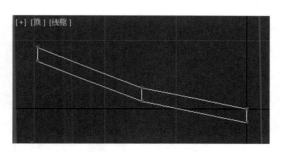

图3-4-7　调整形状

在【前】视图，使用"选择对象"工具 🖱️，框选如图3-4-8所示，4个顶点。接着，在【顶】视图，使用"移动并选择"工具 ✥，沿Y向上移动，如图3-4-9所示。

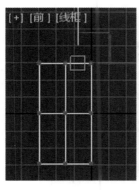

图3-4-8　选择顶点

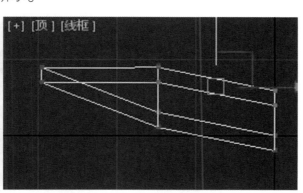

图3-4-9　调整形状

思考填写

　使用"切角"命令的前置条件是将模型转化为_____

思考填写

　　结合盾牌实际情况，请填写图3-4-11切角连接边分段

在【顶】视图，使用"选择对象"工具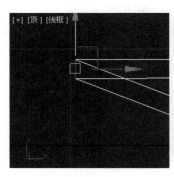，在"边"子对象层级中进行选择如图3-4-10所示边，点击"切角"右侧的"设置"按钮，参数及形态如图3-4-11所示。

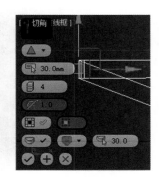

图3-4-10　选择边　　图3-4-11　切角命令

在【顶】视图，使用"选择对象"工具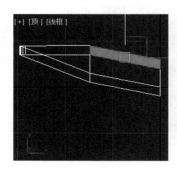，在"多边形"子对象层级中进行选择如图3-4-12所示多边形，点击"挤出"右侧的"设置"按钮，参数及形态如图3-4-13所示。

思考填写

　　（1）多边形建模经常在"顶点、边、边界、多边形、元素"层级之间切换，如何快速切换呢？

　　（2）请同学们试试按分别1、2、3、4、5层级之间有什么变化。

　　（3）如何取消选取层级？

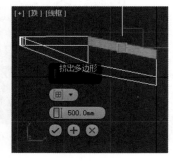

图3-4-12　选择面　　图3-4-13　挤出多边形

在【透视】视图，使用"选择对象"工具，在"边"子对象层级中进行选择如图3-4-14所示边，点击"切角"右侧的"设置"按钮，参数及形态如图3-4-15所示。

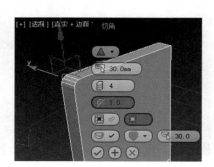

图3-4-14　选择边　　图3-4-15　切角命令

在【透视】视图，使用"选择对象"工具 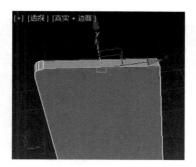，在"边"子对象层级中框选顶部前后2个边，点击"连接"按钮，产生新的面，得到效果如图3-4-16所示。

图3-4-16 选择边并连接

进入"修改"面板，选择可编辑多边形的"多边形"子对象层级，选择如图3-4-17所示的多边形，点击"挤出"右侧的"设置"按钮，参数及形态如图3-4-18所示。

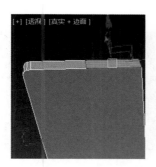 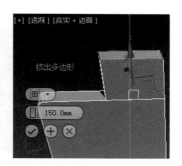

图3-4-17 选择面   图3-4-18 挤出多边形

在【前】视图，使用"选择对象"工具 ，在"顶点"子对象层级中选择2个顶点，如图3-4-19所示。使用"选择并移动"工具 按坐标X轴向左移动顶点，得到效果如图3-4-20所示。

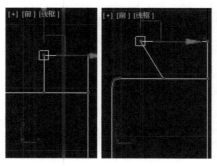 

图3-4-19 选择顶点图   图3-4-20 调整形态

思考填写
　　如何快速挤出多边形?

　　在【透视】视图，进入"修改"面板，选择可编辑多边形的"多边形"子对象层级，框选如图3-4-21所示的面，点击"Delete"键删除，得到效果如图3-4-22所示。

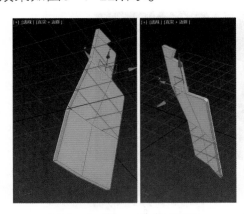

图3-4-21　选择面图　　　　图3-4-22　删除效果

　　在【透视】视图，选择对象后，进入"修改"面板，在修改器列表中选择"对称"选项，参数及形态如图3-4-23所示。

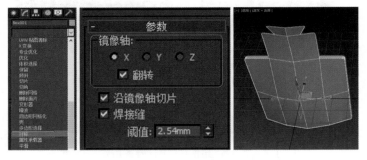

图3-4-23　添加对称命令

　　在【透视】视图，选择对象后，进入"修改"面板，在修改器列表中选择"壳"选项，参数及形态如图3-4-24所示。

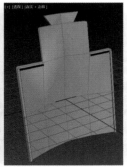

图3-4-24　添加壳命令

最终效果如图3-4-25所示。

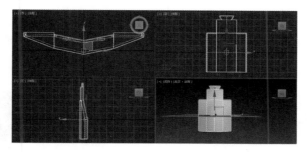

图3-4-25　最终效果

【任务小结】

　　通过任务4盾牌建模学习,我知道了_____功能和使用方法,学会了运用_____增加模型厚度,运用_____快捷键切换多边形层级。

【自我评价】

　　说明: 满意20分, 一般10分, 还需努力5分。

　　完成本任务学习后,请同学们在相应评价项打"√",完成自我评价。并通过评价肯定自己的成功,弥补自己的不足。

项目 自评	任务完成	问题解答	笔记补充	技能迁移	团队合作
满意（20）					
一般（10）					
努力（5）					

【挑战任务】

　　在大型游戏中经常出现宝箱,如果你作为游戏开发建模设计师,你看看如何利用多边形完成如图3-4-26所示效果? 欢迎来挑战!

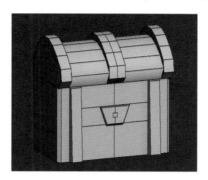

图3-4-26　宝箱

职业技能对接

1.能在控制面板中调节模型的点、线、面等元素，改变模型形态。

2．能够运用基础命令修改模型。

3．能通过工具软件制作建筑模型。

【职业技能训练任务】

城楼，中国古代城楼指墙上的门楼，是"城"的标志，其雄伟壮丽的外观显示着城池的威严和民族的风采。请你完成图3-4-27城楼建模。友情提示：城楼尝试用"挤出"命令和"对称"工具。

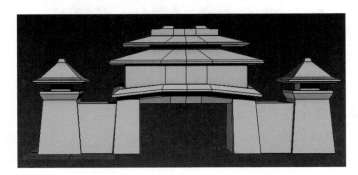

图3-4-27　城楼

任务5　制作青龙偃月刀

【任务描述】

典故：云长见了，把马一拍，舞八十二斤青龙偃月刀，来夹攻吕布。

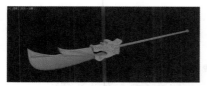

图3-5-1　盾牌模型效果图

任务目标：综合运用可编辑多边形建模命令与样条线命令完成青龙偃月刀模型的制作。

青龙偃月刀在三国是关羽的武器。

【建模思路】

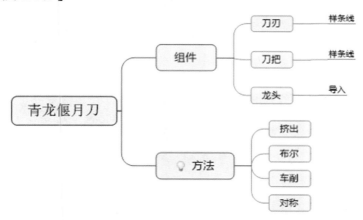

【实体规格】

青龙偃月刀——长200cm、宽20cm、高10cm

【建模过程】

1.制作刀刃

启动3ds Max2016，设置单位为【毫米】。

单击菜单栏"应用程序→导入→合并"命令，在弹出的"合并文件"对话框中，将"龙头"模型导入，得到效果如图3-5-2所示。

参数解密

导入：

1.导入：可以选择要导入文件。

2.合并：可以将保存的场景文件中的对象加载到当前场景中。

3.替换：可以替换场景中的一个或多个几何体对象。

4.链接Revit：不只是用于简单的导入文件，还可以保留从Revit和3ds Max中导出的DWG文件之间的"实时链接"。

5.链接FBX：将指向FBX格式文件的链接插入当前场景中。

6.链接AutoCAD：将指向DWG或DXF格式文件的链接插入当前场景中。

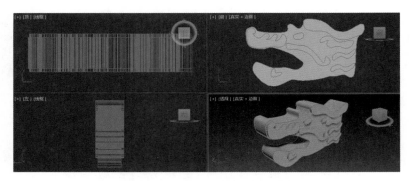

图3-5-2　导入"龙头"模型

单击"创建→图形→线"命令，在【前】视图，绘制刀面的线段如图3-5-3所示。选择对象后，进入"修改"面板，在修改器列表中选择"挤出"选项，参数及形态如图3-5-4所示效果。

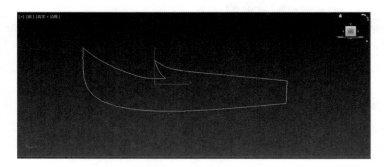

图3-5-3　绘制样条线

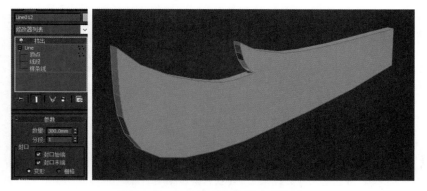

图3-5-4　挤出参数及形态

在【透视】视图，选择对象单击右键，在弹出的快捷菜单中选择"转换为→转换为可编辑多边形"选项，选择可编辑多边形的"边"子对象层级。在【前】视图，选择2个边，点击"连接"按钮，得到效果如图3-5-5所示。

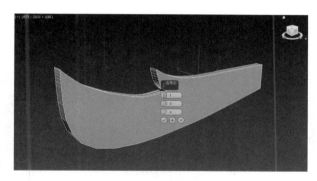

图3-5-5　选择边

在【透视】视图，切换"多边形"子对象层级，框选半边的面，按"Delete"键删除，如图3-5-6所示。

学习思考
切片工具和剪切工具有什么区别？

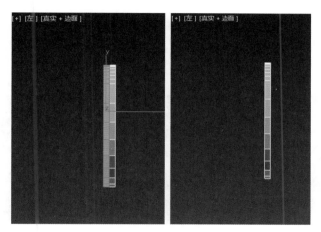

图3-5-6　删除面

在【透视】视图，切换"边"子对象层级，使用 🔹剪切 "剪切"工具，沿着外边进行剪切，选择剪切产生点与对应边线顶点，点击"连接"按钮，如图3-5-7所示。

技能提示
"剪切"工具快捷键F1

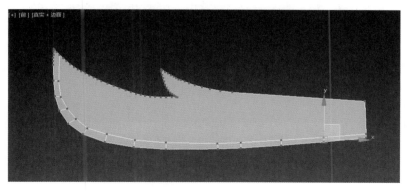

图3-5-7　连接命令

选择"多边形"子对象，选择如图所示面，使用"选择并位移"工具，得到效果如图3-5-8所示。

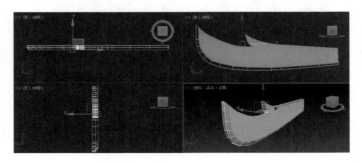

图3-5-8　调整形态

在【前】视图，创建"圆柱体"。选择"刀刃"，在"复合对象"列表中点击"布尔"按钮，点击"拾取操作对象B"，选择"圆柱体"。进入"修改"面板，在修改器列表中选择"对称"选项，形态如图3-5-9所示。

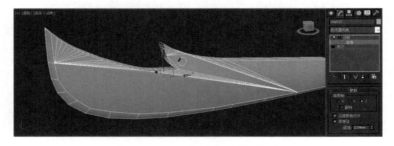

图3-5-9　添加对称命令

2. 制作刀把

在【前】视图，使用"线"工具，绘制样条线，如图3-5-10所示。

图3-5-10　绘制样条线

选择对象后，进入"修改"面板，在修改器列表中选择"车削"选项，方向为X，得到效果如图3-5-11所示。

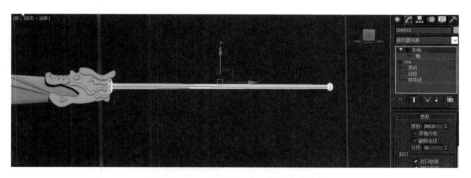

图3-5-11　添加车削命令

3. 部件组合

在【透视】视图，通过"对齐"工具，将青龙偃月刀各部件进行组合，得到效果如图3-5-12所示。

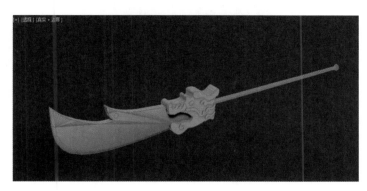

图3-5-12　最终效果

【任务小结】

通过任务5青龙偃月刀建模学习，我知道了＿＿＿＿＿＿＿功能和使用方法，学会了运用＿＿＿＿＿＿＿。

【自我评价】

说明：满意20分，一般10分，还需努力5分。

完成本任务学习后，请同学们在相应评价项打"√"，完成自我评价。并通过评价肯定自己的成功，弥补自己的不足。

项目 自评	任务完成	问题解答	笔记补充	技能迁移	团队合作
满意（20）					
一般（10）					
努力（5）					

问题摘录

挑战过程中，请把你遇到的困惑与问题摘录至下面划线中

＿＿＿＿＿＿

＿＿＿＿＿＿

＿＿＿＿＿＿

＿＿＿＿＿＿

＿＿＿＿＿＿

职业技能对接

　　1.能通过样条线创建模型。

　　2. 能通过工具软件制作家具物品常规室内模型。

【挑战任务】

　　丈八蛇矛是张飞的标志性武器，其矛头呈现少见的"曲蛇张口"之形状。请你完成图3-5-13丈八蛇矛。友情提示：试用"样条线"工具。

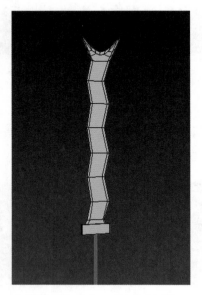

图3-5-13　丈八蛇矛

【职业技能训练任务】

　　休闲椅，人们日常生活中最实用的家具之一。请你完成图3-5-14休闲椅。友情提示：试用"样条线"工具。

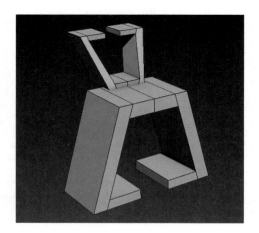

图3-5-14　休闲椅

项目4　赤壁之战——材质贴图渲染

项目目标：

3ds Max 2016提供了两种常用的针对贴图投影方式的编辑修改器，分别为"UVW贴图"和"UVW展开"编辑修改器。本项目通过学习"赤壁之战"场景中的周瑜的笛子、诸葛亮的扇子、战鼓的材质贴图设置过程，初步掌握材质贴图的指定、贴图通道、UV的整理、材质渲染设置输出等知识技能。

项目情境：

赤壁之战是指东汉末年孙权、刘备联军于建安十三年（208年）在长江赤壁（今湖北省赤壁市西北）一带大破曹操大军的战役。这是三国时期"三大战役"中最为著名的一场，也是大的战役之一，是三国时期"三大战役"进行的大规模江河作战，标志着中国军事政治中心不再限于黄河流域。孙刘联军最后以火攻大破曹军，曹操北回，孙、刘各自夺去荆州的一部分，奠定了三国鼎立的基础。

任务名称：

◆ 制作笛子——材质与贴图
◆ 制作羽扇——UV贴图与渲染设置
◆ 展开UV——UV展开与渲染设置

配套微课 拓展资源

材质与贴图的区别

　　材质主要针对对象表面质感特点进行设置，例如：反光强弱、表面凹凸粗糙程度、高光亮度等；而贴图是服务于材质，为材质提供可视化的图像信息。例如两个对象同样是大理石材质，反光和光滑程度都是一样的，这是材质特征，但表面花纹是不同的，就需要不同的贴图进行设置。

任务1　制作笛子

【任务描述】

　　典故：玄德跃马过溪，似醉如痴，想："此阔涧一跃而过，岂非天意！"迤逦望南漳策马而行，日将沉西。正行之间，见一牧童跨于牛背上，口吹短笛而来。

图4-1-1　笛子渲染最终效果图

任务目标：1.了解和学习平板材质编辑器基本操作；2.通过案例初步学会应用标准材质球设置材质与贴图

　　笛子是古老的传统乐器，也是传统乐器中最具代表性、最有民族特色的吹奏乐器。

【材质和贴图编辑思路】

【实体结构】

　　笛子结构：分为笛身、前后镶口、缠丝、飘穗等。

【材质编辑过程】

1.制作笛身主体材质

　　启动3ds Max2016，打开模型文件夹"4-1笛子"文件，并最大化单个【透视】视图，如图4-1-2所示。

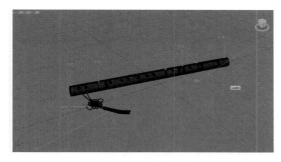

图4-1-2　笛子模型与结构拆析

在【透视】视图选择模型"笛身"部分，按键盘M键或在主工具栏中单击 "材质编辑器面板"按钮，弹出平板材质编辑器界面，如图4-1-3所示。

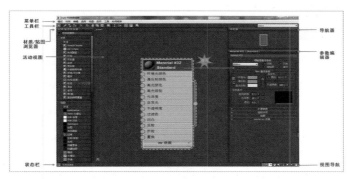

图4-1-3　平板材质编辑器界面

在材质编辑器左侧的材质类型中选择"标准材质球"，左键双击或单击拖曳到活动视图区，按Z键自动放大预览窗口（或用滚轮缩放），然后右键单击材质名称位置处，在弹出的对话框内左键单击选择"将材质指定给对象"赋予模型"笛身"，如图4-1-4所示。

图4-1-4　赋予笛身标准材质球

模型解密

　　分别单击选择笛子模型了解其各个组成部分，并进行观察。

技能提示
工具栏

　　 选择工具
　　 从对象拾取材质
　　 将材质放入场景
　　 将材质指定给选定对象
　　 删除选定对象
　　 移动子对象
　　 隐藏未使用的节点示例窗
　　 在视口中显示明暗处理材质
　　 在预览中显示背景
　　 材质ID通道
　　 自动布局全部
　　 自动布局子对象
　　 材质/贴图浏览器
　　 参数编辑器
　　 按材质选择

技能提示

双击材质贴图名称处,可以进入贴图层级,并可以进行贴图相应的参数设置。贴图通道内设定的贴图内容可以定义为材质表面的效果。

双击材质名称位置,显示其编辑参数,更改该材质球名称为"笛身"。设置高光级别41,光泽度57(通过F9快捷渲染可以观察高光的变化),从漫反射贴图节点左键单击拖曳链接"贴图",单击"位图",链接本书"项目四文件夹\效果文件\4-1竹子贴图.jpg"。单击工具栏▒,在【透视】图中可以显示贴图效果,如图4-1-5所示。

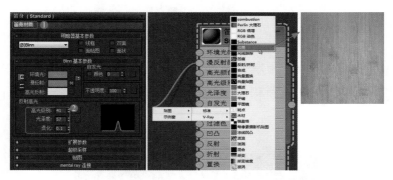

图4-1-5　启用漫反射贴图通道链接位图

选择【透视】图,单击 渲染设置按钮,指定渲染器为默认扫描线渲染器,设置"单帧"渲染,输出图片尺寸大小自定义,"渲染"观察贴图效果,如图4-1-6所示。

学习思考

请动手试一试,Blinn、金属、Phong等8种明暗器之间基本参数面板发生了什么变化,有什么不同?

图4-1-6　渲染设置与单帧渲染

2. 制作前后镶口和缠丝的材质——金属材质

M键启动"平板材质编辑器面板",双击创建新的"标准材质球",更改材质球名称为"前后镶口材质",分别将材质球赋予"前镶口""后镶口"和所有"缠丝"模型。双击材质球,在"明暗器基本参数"卷展栏中的"明暗模式"下拉列表栏内选择"(M)金属"选项,展开"金属基本参数"卷展栏设置相应选项参数,如图4-1-7所示。

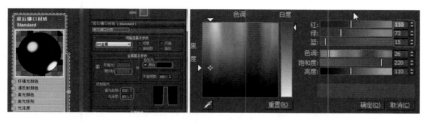

图4-1-7　设置金属基本参数

在"贴图"卷展栏中启用"反射"复选框，设置"数量"参数值为50，单击右侧的"无"按钮，在打开"材质/贴图浏览器"对话框中选择"位图"，链接打开本书教学文件夹选择"项目四\贴图\ 4_1_ 笛子\Model-HDR贴图"文件，"F9"快速渲染观察，如图4-1-8所示。

图4-1-8　启用反射贴图通道链接HDR

3. 制作飘穗的材质

双击创建一个新的标准材质球，命名为"飘穗"，并赋予"飘穗"模型。展开"Blinn基本参数"卷展栏设置相应选项参数，如图4-1-9所示。

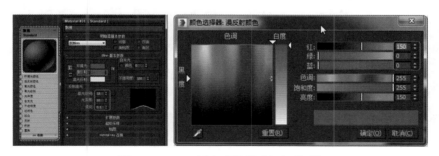

图4-1-9　设置飘穗基本参数

4. 制作背景板的材质

双击创建一个新的标准材质球，命名为"背景"，并将材质球赋予"背景"模型。展开"Blinn基本参数"卷展栏设置相应选项参数，如图4-1-10所示。

技能提示

什么是HDR?

HDR即高动态范围贴图，全称"High Dynamic Range"。HDR贴图的作用主要用来实现场景照明和模拟反射折射，从而使物体表现得更加真实。

101

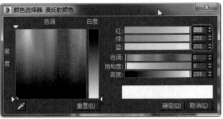

图4-1-10　设置背景板基本参数

为提升整体画面质感，在"背景"材质球输入端凹凸贴图通道添加一个程序贴图"Noise噪波"，双击贴图名称处设置噪波大小参数为0.1，如图4-1-11所示。

图4-1-11　凹凸贴图通道和噪波程序贴图

最后渲染出图，单击渲染设置按钮，指定渲染器为"默认扫描线渲染器"，选择Camera001摄像机视图，设置"单帧"渲染，设置输出图片尺寸大小1600*1200，点击输出保存成JPG，最终效果如图4-1-12所示。

图4-1-12　最终摄像机渲染出图

【任务小结】

通过任务1"笛子"材质编辑学习，我知道了_____功能和使用方法，运用_____快捷键可以快速打开，学会了运用_____通道实现自己想要的物体表面纹理。

【自我评价】

说明：满意20分，一般10分，还需努力5分。

完成本任务学习后，请同学们在相应评价项打"√"，完成自我评价。并通过评价肯定自己的成功，弥补自己的不足。

自评 \ 项目	任务完成	问题解答	笔记补充	技能迁移	团队合作
满意（20）					
一般（10）					
努力（5）					

【挑战任务】

大型游戏中需要大量的虚拟现实VR材质建模素材，如果你作为游戏开发材质设计师，你能否运用本项目所学知识，选择本书教学"项目四"文件夹"效果文件\4-1司南针.max"文件进行挑战，完成如图4-1-13所示效果？

图4-1-13　挑战任务司南针最终效果

【职业技能训练任务】

青花瓷又称白地青花瓷，常简称青花，是中国瓷器的主流品种之一。请你完成"项目四"文件夹"效果文件\4-1青花瓷台灯.max"的材质贴图制作，完成如图4-1-14所示效果。

图4-1-14　青花瓷台灯渲染最终效果

问题摘录

挑战过程中，请把你遇到的困惑与问题摘录至下面划线中

＿＿＿＿＿＿＿＿

＿＿＿＿＿＿＿＿

＿＿＿＿＿＿＿＿

＿＿＿＿＿＿＿＿

＿＿＿＿＿＿＿＿

职业技能对接

1. 能通过设置渲染属性面板，渲染输出模型的图片。

2. 能通过材质球面板调节模型的材质贴图效果。

3. 能为模型添加颜色贴图、法线贴图、凹凸贴图等效果。

任务2　制作羽扇

【任务描述】

　　典故：旗开处，推出一辆四轮车，车中端坐一人，头戴纶巾，身披鹤氅，手执羽扇，用扇招邢道荣曰："吾乃南阳诸葛孔明也。"

	1.掌握"UVW贴图"修改器投影羽毛贴图；2.学会"快速平面映射"整理扇骨UV
图4-2-1　羽扇渲染最终效果图	羽扇是用鸟类羽毛做成的扇子。相传蜀汉诸葛亮以白羽扇指挥众军。

模型解密
　　分别单击选择笛子模型了解其各个组成部分，并进行观察。

【材质和贴图编辑思路】

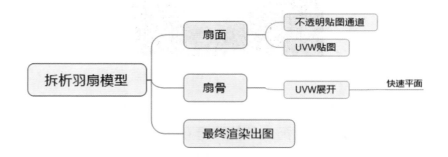

【实体结构】

诸葛亮的扇子结构：分为扇面、扇骨两部分。

【材质编辑过程】

1.制作扇面材质

启动3ds Max2016，打开模型文件夹"4-2羽扇"文件，并最大化单个【透视】视图，拆解观察整个模型由正反面25片面片羽毛和一个骨架组成，如图4-2-2所示。

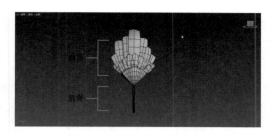

图4-2-2　扇子模型与结构拆析

在【透视】视图选择模型扇面部分中最大的一个面片"羽毛05"链接"项目四\4-1\ 贴图\羽毛05.jpg"文件，单击▨可以在材质球预览图中观察到羽毛背景的透明效果，如图4-2-3所示。

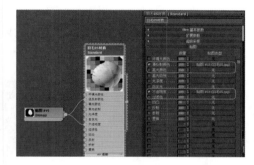

图4-2-3　不透明贴图通道设置

在【透视】图，选择背景模型，右键选择"对象属性"，选择"隐藏"。单击材质编辑器工具栏▨，通过【透视】图会清晰发现羽毛贴图与模型不匹配，出现了UVW坐标问题，如图4-2-4所示。

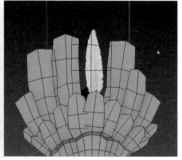

图4-2-4　对象隐藏和UV拉伸

羽毛贴图不匹配是因为没有建立正确贴图坐标，必须向对象指定"UVW贴图"编辑修改器来解决问题。"UVW贴图"编辑修改器可以在模型的表面指定贴图坐标，以确定如何使材质投影在对象的表面，如图4-2-5所示。

投影的基本概念

除了平面投影还有柱形、球形等投射方式，投影指将一个三维物体的阴影投射在一个平面或曲面上，引申到UV概念上，就是将三维物体本身的拓扑结构投射到一个平面上，以它作为三维物体的UV。

技能提示

在"要渲染的区域"选项下拉列表中，分别是视图、选定、区域、裁剪、放大；

将图像保存到文件中；

将渲染的图像的副本复制到Windows剪贴板，准备传递到其他图形应用程序；

创建该窗口的克隆；

打印渲染输出；

从窗口中清除图像

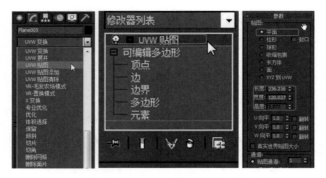

图4-2-5 设置UVW贴图编辑修改器

在"创建"命令面板的堆栈栏中单击"UVW贴图"编辑修改器名称前的➕符号展开当前修改器，单击Gizmo即可进入Gizmo子对象和控制级别调整投影效果，这时便可以对场景中的贴图框进行移动、旋转和缩放等操作，如图4-2-6所示。

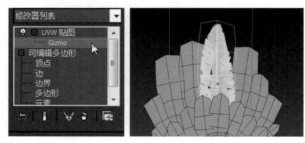

图4-2-6 Gizmo子对象的操作

其他的羽毛可根据上面的操作重复设置，注意考虑整体扇子的造型特征选择合适的羽毛造型贴图。F9快速渲染单击开启"区域"渲染，调整控制框大小和位置，最终效果图如图4-2-7所示。

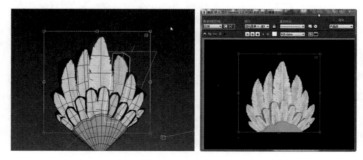

图4-2-7 渲染帧窗口的区域渲染

2. 制作扇骨材质

选择"扇骨"模型，在修改面板里为该对象添加"UVW展开"编辑修改器，如图4-2-8所示。

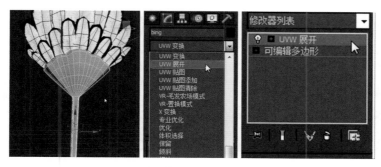

图4-2-8　添加"UVW展开"修改器

选择"扇骨"模型，ALT+Q独立显示模型，给扇骨赋予一个棋盘格贴图材质，设置棋盘格瓷砖排列数，如图4-2-9所示。

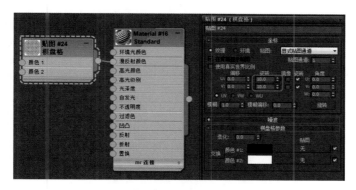

图4-2-9　添加"UVW展开"修改器

技能提示

UVW展开编辑修改器适用于网格对象、多边形对象、面片、HSDS或者NURBS对象，添加该修改器后，可以在其子对象层对贴图坐标进行编辑，不管何种类型的对象，添加UVW展开后，均使用"顶点""边""面"子对象。

单击材质编辑器工具栏▨，视图中可以发现正方形排列的棋盘格程序贴图被拉长变形。在修改面板进入面级别，顶视图选择扇骨Y方向的前一半的所有面，单击快速平面的坐标轴向为Y轴，使黄色的框与选择的面平行，如图4-2-10所示。

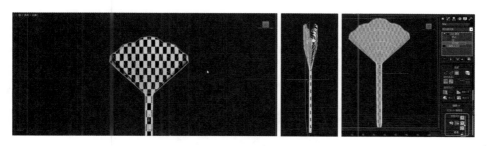

图4-2-10　快速平面映射方式

单击🔄 "快速平面""打开UV编辑器"按钮，进入面级别，选择"移动"或"自由形式模式"工具把展开的前半部分面的UV移动到空白处，视图中模型上棋盘格UV呈现正常比例，如图4-2-11所示。

技能提示

在编辑器窗口中进入"顶点![]" "边![]"或"面![]" 子对象,选择UVW簇后,在视图中相应的子对象也被选择,成高亮显示。

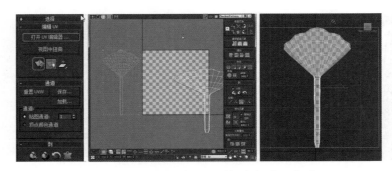

图4-2-11　UV的选择与移动

以同样的方式选择另外一半面,单击"快速平面按钮"展开扇骨模型另外一半的UV,如图4-2-12所示。

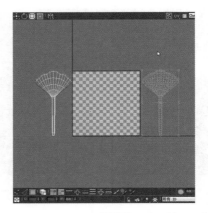

图4-2-12　平面展开另外一半

单击"编辑UVW"对话框的编辑器窗口中右上部的下拉菜单,选择"拾取纹理"选项,从"材质/贴图浏览器"中添加位图导入本书"项目四\4-2\贴图\扇骨_color.jpg"文件,在编辑窗口中会显示该图像作为背景,如图4-2-13所示。

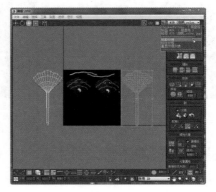

图4-2-13　拾取纹理

单击"面▤"子对象，选择扇骨顶部的面，单击剥皮▧按钮，顶面的UV自动展开，使用UVW编辑器的移动、旋转、缩放和自由形式，将展开的UV各自移动到相应位置，如图4-2-14所示。

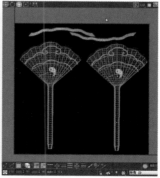

图4-2-14　拾取纹理

完成UV展开后，单击材质编辑器工具栏▧，导入"扇骨_color"和"扇骨_bump"文件，输入到漫反射和凹凸通道，其他参数如下图设置，最终渲染实现贴图坐标正常显示，如图4-2-15所示。

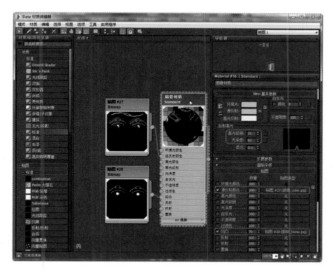

图4-2-15　扇骨材质贴图设置

关闭▧"独立显示"按钮，视图空白处右键"全部取消隐藏"，设置背景板材质（可借鉴"制作笛子"一课中的设置，如图4-1-8所示），单击▧指定渲染器为"默认扫描线渲染器"，设置"单帧"渲染，输出尺寸大小1600*1200，选择Camera001摄像机视图，最终渲染，▧输出保存成JPG，如图4-2-16所示。

图4-2-16　诸葛亮的扇子最终渲染出图

问题摘录

挑战过程中，请把你遇到的困惑与问题摘录至下面划线中

＿＿＿＿＿＿＿＿＿＿

＿＿＿＿＿＿＿＿＿＿

＿＿＿＿＿＿＿＿＿＿

＿＿＿＿＿＿＿＿＿＿

【任务小结】

通过任务2"制作羽扇"的材质制作学习，我知道了＿＿＿＿＿＿＿＿＿＿＿＿和＿＿＿＿＿＿＿＿＿编辑器的使用方法，学会了运用＿＿＿＿＿＿＿＿＿＿＿制作羽毛。

【自我评价】

说明：满意20分，一般10分，还需努力5分。

完成本任务学习后，请同学们在相应评价项打"√"，完成自我评价。并通过评价肯定自己的成功，弥补自己的不足。

自评＼项目	任务完成	问题解答	笔记补充	技能迁移	团队合作
满意（20）					
一般（10）					
努力（5）					

【挑战任务】

请尝试挑战用本项目所学UVW展开快速平面投射UV的知识点，来完成本书教学"项目四"文件夹"效果文件\4-2小木箱子.max"，完成如图4-2-17所示效果。

图4-2-17　小木箱最终渲染效果图

【职业技能训练任务】

盾，古人称"干"，与戈同为古代战争用具，故有"干戈相见"等词。后来还称作"牌""彭排"等。请你完成"项目四"文件夹"效果文件\4-2盾.max"，完成如图4-2-18所示效果。

图4-2-18　盾牌最终渲染效果图

职业技能对接

1. 能使用三维软件中的物体贴图坐标UVW展开命令快速平面UV，实现平铺贴图。

2. 能为模型添加颜色贴图、法线贴图、凹凸贴图等效果。

3. 能根据模型的UV位置处理贴图。

任务3　展开UV

【任务描述】

典故：却说南岸隔夜听得鼓声喧震，遥望曹操调练水军，探事人报知周瑜。

图4-3-1　战鼓渲染最终效果图

任务目标：学会综合运用快速平面、松弛、剥皮等UVW展开编辑器中的UV编辑命令，提升掌握UV整理的综合能力。

战鼓是三国作战时为鼓舞士气或指挥战斗而击的鼓。

【材质和贴图编辑思路】

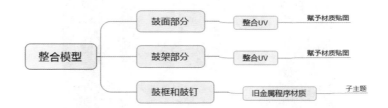

【实体结构】

战鼓结构：（1）鼓（鼓皮、鼓胴、鼓框、鼓钉、鼓手把环）

　　　　　　（2）鼓架（主横托架、地脚支架、鼓键子）

【材质编辑过程】

1. 展开鼓皮UV

启动3ds Max2016，打开模型文件夹"4-3战鼓"文件，并最大化单个【透视】视图，拆解观察整个模型由鼓和鼓架两大部分组成，如图4-3-2所示。

模型解密

　　分别单击选择战鼓模型了解其各个组成部分，并进行结构观察。

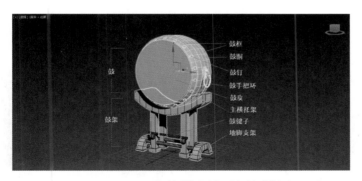

图4-3-2　战鼓模型与结构拆析

　　选择"鼓皮A"模型，Alt+Q独立显示，在修改面板添加UVW展开修改器，赋予棋盘格材质贴图（贴图瓷砖排列参数15*15），观察棋盘格比例，如图4-3-3所示。

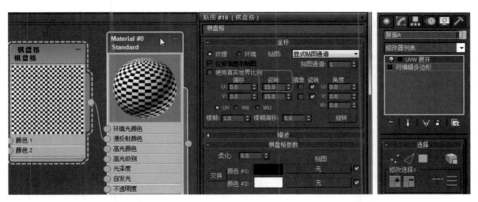

图4-3-3　鼓皮添加UVW展开和赋予棋盘格

　　选择UV"面"级别，选择鼓皮模型所有的面（注意不要漏选面），设置快速平面的轴向为Y轴，使黄色框与要展开的面保持平行的状态，然后单击快速平面按钮，如图4-3-4所示。

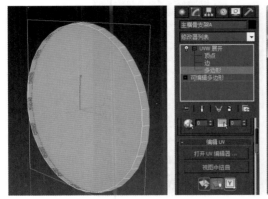

图4-3-4　鼓皮UV快速平面展开

技能提示

　　单击开始松弛按钮后，将会对选择的纹理顶点距离进行标准化调整，这样可以适当地减少纹理的扭曲程度，如果未选择任何顶点，则调整所有顶点。再次单击该按钮或ESC键则停止松弛。

选择所有面，单击UV编辑器工具菜单栏下"松弛"，选择的"由多边形角松弛"，单击"开始松弛"，如图4-3-5所示。

图4-3-5　鼓皮UV松弛

进入UV"边"级别，如下图选择7条边，单击"断开"按钮，再选择所有的面，进行一次多边形角的"松弛"，如图4-3-6所示。

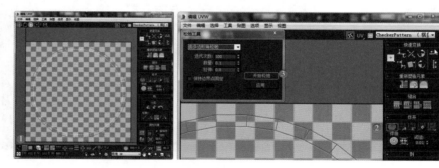

图4-3-6　UV的边子对象断开与松弛

完成一个鼓皮的UV后，直接选择模型镜像复制到另外一边，这样两边的鼓皮UV就都完成了，如图4-3-7所示。

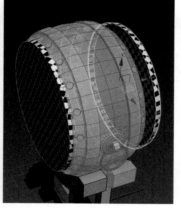

图4-3-7　设置UVW贴图编辑修改器

2. 展开鼓胴UV

选择"鼓胴"模型，独立显示，赋予棋盘格材质贴图，在修改面板添加UVW展开修改器，进入UV"边"级别，如下图从底部选择边，单击"断开"按钮，如图4-3-8所示。

思考题

你知道为什么要从模型底部断开吗？

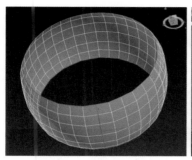

图4-3-8　鼓胴的UV展开

框选所有的面，单击工具菜单下的"松弛"，选择"由多边形角松弛"，单击"开始松弛"按钮直到UV松弛停止，通过视图发现UV接缝处还有贴图变形，如图4-3-9所示。

图4-3-9　鼓胴的UV松弛

进入UV"点"级别，分别框选左右两头接缝处的"点"，可通过单击 ⬚ "垂直对齐到轴"对齐，框选水平的每排点单击 ⬚ "水平对齐到轴"进行对齐，最终整体缩放效果如图4-3-10所示。

技能提示

法线贴图命令可以基于不同矢量投影方法设置程序贴图的法线贴图，为其应用平面贴图。该方法是设置贴图最简单的方法。

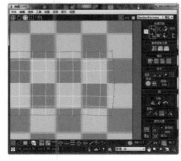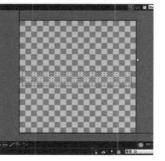

图4-3-10　鼓胴的UV的点子对象排序与整理

3. 展开鼓架的主横托架UV

选择"主横托架"模型，独立显示，赋予棋盘格材质贴图，添加UVW展开修改器，进入UV"面"级别，框选所有面，单击"贴图"菜单下的"法线贴图"，选择"长方体贴图"，单击确定生成UV，如图4-3-11所示。

图4-3-11　渲染帧窗口的区域渲染

完成一个"主横托架"的UV后，直接选择模型镜像复制到另外一边，如图4-3-12所示。

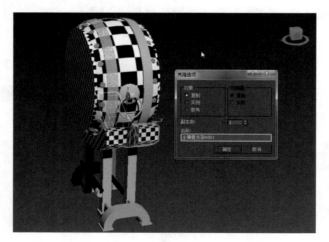

图4-3-12　添加"UVW展开"修改器

以同样的操作完成四根立柱，单击"贴图"菜单下的"法线贴图"命令，选择"长方体贴图"，单击确定生成UV，如图4-3-13所示。

图4-3-13　快速平面映射方式

4. 展开鼓架地脚支架的UV

选择"地脚支架"模型，独立显示，赋予棋盘格材质贴图，添加UVW展开修改器，进入UV"面"级别，框选所有面，单击"贴图"菜单下的"法线贴图"，选择"长方体贴图"，单击确定生成UV，通过视图，顶部的弧面位置还有UV拉伸，如图4-3-14所示。

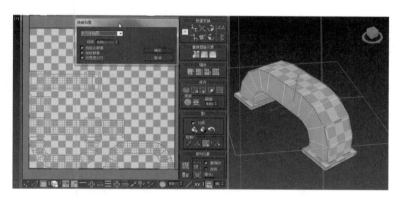

图4-3-14　UV的选择与移动

选择顶部的所有面，单击快速平面贴图，如图4-3-15所示。

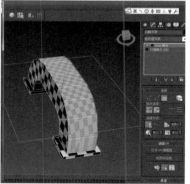

图4-3-15　平面展开地脚支架顶部面

单击旋转调正顶部UV，并移动到空白处，单击工具菜单下的"松弛"，"由多边形角松弛"，单击"开始松弛"按钮直到UV松弛停止，通过移动和缩放，整理到合适位置，最终效果如图4-3-16所示。

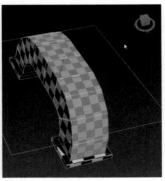

图4-3-16　松弛顶部的UV面

底部的面由于不是显眼位置，UV展开如同上面的操作，不再做介绍。另外一些明显的脚面位置，成了零碎的UV，可以通过手动缝合在一起。下面选择局部的面，单击开启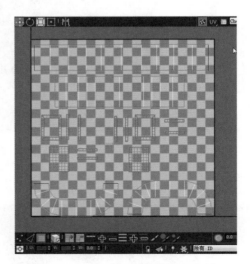"元素"按钮用移动工具将其移开，按左右脚分类排序，如图4-3-17所示。

图4-3-17　整理分类零碎的UV

选择一条UV线，如果另外一条UV变成蓝色，说明两条应该是焊接在一起的。同理，进入UV点级别，选择一个UV点，如果另外一条UV线变成蓝色，说明两条线应该是焊接在一起的。选择一个UV点，单击鼠标右键，在弹出的面板中选择"目标焊接"缝合，最终焊接整理，如图4-3-18所示。

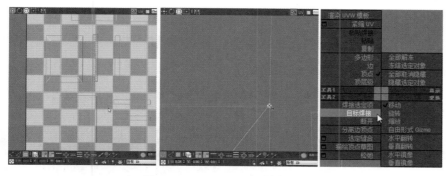

图4-3-18　UV点的焊接

　　焊接好的UV，如果比例有问题的可以"松弛"一下，选择"由多边形角松弛"，最终效果如图4-3-19所示。

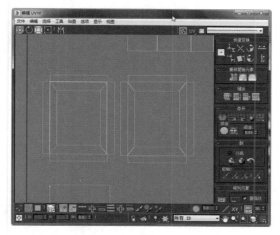

图4-3-19　焊接完进行UV松弛

　　单击开启　"元素"按钮移动UV，通过缩放工具，调整UV的比例大小，使整体棋盘格大小保持一致，最终"地脚支架"UV效果如图4-3-20所示。

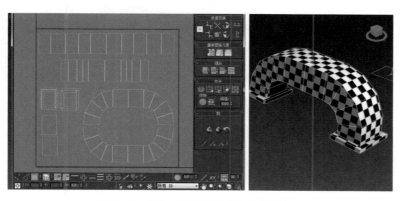

图4-3-20　整理地脚支架的UV

学习思考
　　四个"圆"面为
什么只展出两个圆
形UV?

5. 展开圆柱支架的UV

　　选择"圆柱"模型，独立显示，赋予棋盘格材质贴图，添加UVW展开修改器，进入UV"面"级别，选择四个顶底"圆"，设置投影轴向为X轴，选择单击"快速平面"展开UV，如图4-3-21所示。

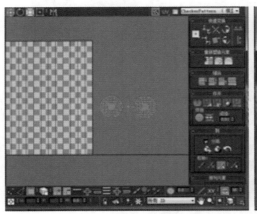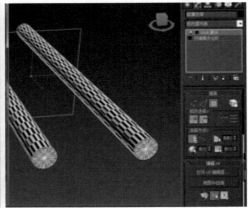

图4-3-21　　圆柱横支架顶底UV展开

　　选择其他圆柱的所有侧面，设置投影轴向为Y轴，选择单击"快速平面"展开UV，如图4-3-22所示。

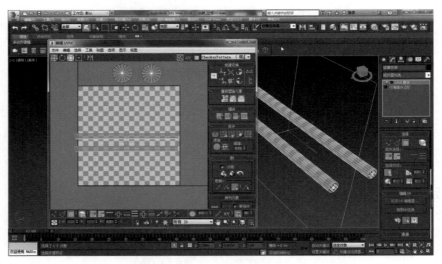

图4-3-22　　圆柱横支架侧面UV展开

　　进入UV"线"级别，如图选择线，单击 "断开"按钮，再选择所有的UV面，进行一次"由多边形角松弛"，最终UV展开，整体排版整理，最终效果如图4-3-23所示。

图4-3-23　焊接完进行UV松弛

6. 展开鼓键子的UV展开

鼓键子的UV可以参考前面的圆柱的UV展开，唯一要注意的就是顶底两个圆如果没有材质贴图上的区别，就可以重叠着，如图4-3-24所示。

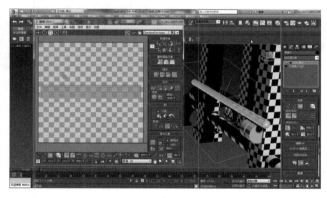

图4-3-24　鼓键子UV展开

7. 鼓键子小托架的UV展开

小托架的UV拆分，也是等同于圆柱体的展开，需要先"快速平面"顶底的圆，选线段"断开"，再"由多边形角松弛"展平成长方形，如图4-3-25所示。

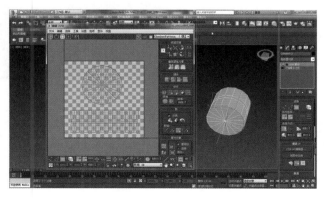

图4-3-25　小托架UV展开

8. 整合模型与UV渲染

　　为了便于UV的绘制，需要把整个模型的贴图分为"鼓"和"鼓架"两部分。选择一个物体如"鼓皮"，单击鼠标右键，将其转化成可编辑多边形，在修改面板激活"附加"命令。把另一个"鼓皮"和"鼓胴"附加起来，完成后关闭"附加"按钮。同样操作，把鼓架部分都附加到一起，如图4-3-26所示。

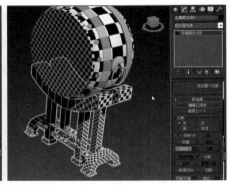

图4-3-26　整合模型为两大部分

　　选择合并后的"鼓"场景模型，再次添加UV修改器，打开UV编辑器，按元素选择，通过缩放和移动调整UV把鼓皮与鼓胴棋盘格比例做一个合适的调整，效果如图4-3-27所示。

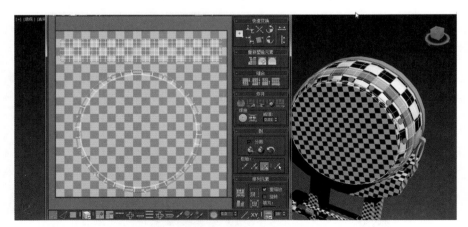

图4-3-27　鼓部分的UV总整合

　　选择合并后的"鼓架"场景模型，再次添加UV修改器，打开UV编辑器，按元素选择，通过缩放和移动调整UV，把"鼓皮"与"鼓胴"棋盘格比例做一个合适的调整，按照"同一部件放一起，上下关系的排成上下，左右关系的排成左右"的原则进行归类，如图4-3-28所示。

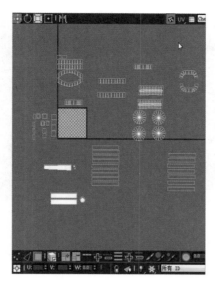

图4-3-28　鼓架部分的UV归类

　　在摆放UV的时候可以先将比较大块规整的UV沿一个角落开始摆，比较顺直的放在一起，属于该部件的挨靠在一起，位于左侧的放左侧，位于下方的放下方，最终效果如图4-3-29所示。

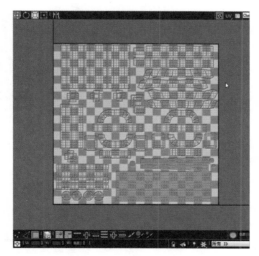

图4-3-29　鼓架部分UV总整合

9. UV渲染

　　单击UV编辑器"工具"菜单，选择"渲染UVW模板"选项，设置尺寸1024*1024，填充黑色，边为白色，单击渲染UV模板按钮，这样就可以"鼓"和"鼓架"两部分分别保存成JPG或PNG，然后就可以用其他平面软件如photoshop等进行贴图绘制，本书不再做贴图绘制过程介绍，效果如图4-2-30所示。

技能提示

　　"鼓"部分的UV排版，"鼓架"UV整理摆放也可以选择"拾取纹理"选项，从"材质/贴图浏览器"中添加位图导入本书"项目四\4-3\贴图\鼓架_color.jpg"文件，在编辑窗口中会显示该图像作为背景，这样就可以对照贴图直接进行UV的排版。

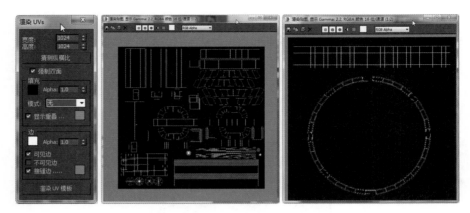

图4-3-30　UV渲染

10. 设置"鼓"部分的贴图材质

单击材质编辑器工具栏，导入"鼓_color"和"鼓_bump"文件，输入到漫反射和凹凸通道，其他参数设置如图4-3-31所示。

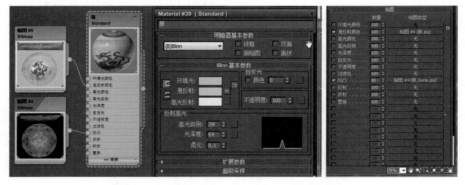

图4-3-31　鼓的材质贴图设置

11. 设置"鼓架"部分的贴图材质

单击材质编辑器工具栏，导入"鼓架_color"和"鼓架_bump"文件，输入到漫反射和凹凸通道，其他参数设置如图4-3-32所示。

图4-3-32　鼓架的材质贴图设置

12. 鼓框、鼓钉和把手环的旧金属材质设置

选择"鼓框"和"鼓钉"模型，孤立显示，打开材质编辑器，选择创建"混合材质球"，命名为"旧金属"，并将其赋予模型。混合材质球由两个标准材质组合而成，需一个命名为"金属"，另外一个命名为"铁锈"，如图4-3-33所示。

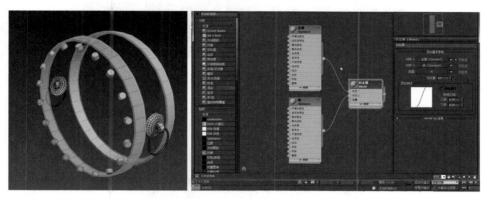

图4-3-33　赋予混合材质球

双击"金属"标准材质球，将材质类型设置成"金属明暗器"，高光级别267，光泽度69左右这样就得到一个明亮的高光效果。再在漫反射通道链接第一个"噪波"贴图，并设置噪波类型和颜色，如图4-3-34所示。

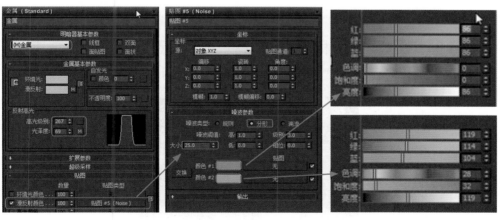

图4-3-34　金属部分的漫反射设置

在"金属"材质球光泽度通道添加第二个"噪波"贴图，噪波类型为"分形"，噪波大小1.0，噪波阈值高0.8，低0.3，这样就得到了高对比的噪波效果，高光区域变得比较零散，渲染可以看到一个比较粗糙的效果，如图4-3-35所示。

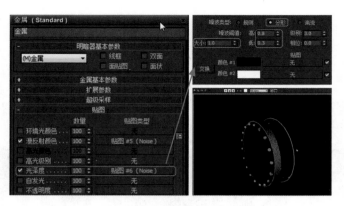

图4-3-35　金属部分的光泽度设置

在"金属"材质球凹凸通道添加第三个"噪波"贴图，噪波类型为"分形"，噪波大小0.5，噪波阈值高0.75，低0.535左右，这样就得到了细点状的凹凸效果，如图4-3-36所示。

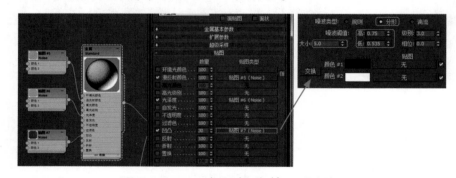

图4-3-36　金属部分的凹凸设置

双击"铁锈"标准材质球，将材质类型设置为Oren-Nayar-Blinn方式，高光和光泽度设置为0，如图4-3-37所示。

图4-3-37　铁锈部分的明暗器设置

再在"铁锈"材质球，漫反射通道输入"混合"贴图，在"混合"贴图的"颜色1"和"颜色2"通道分别添加两个"噪波"贴图，混合量通道添加"斑点"贴图，如图4-3-38所示。

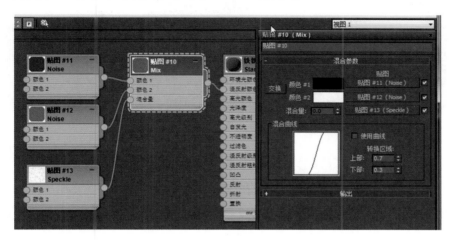

图4-3-38　铁锈部分的漫反射通道设置

然后分别设置"颜色1"和"颜色2"的"噪波"贴图的颜色，调节"混合量"通道的"斑点"贴图的大小为100，这样就可以得到一个色彩变化的纹理效果，如图4-3-39所示。

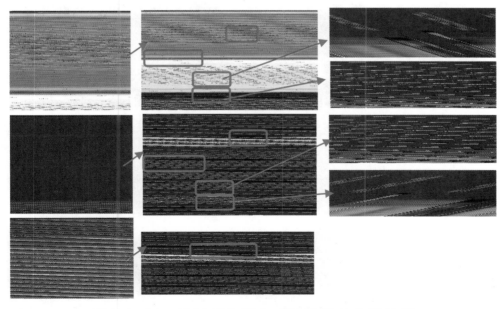

图4-3-39　铁锈部分混合噪波贴图的参数设置

双击"铁锈"标准材质球，在"凹凸"贴图通道也添加一个"斑点"贴图，设置大小为3.0，至此铁锈材质制作完成，如图4-3-40所示。

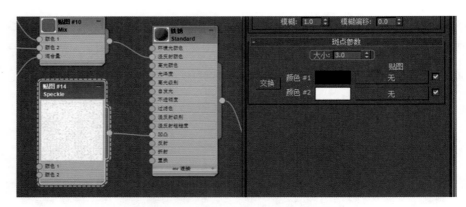

图4-3-40　铁锈部分的凹凸通道设置

现在返回Blend混合材质最顶层，将要用一个蒙版贴图来混合两个材质效果。如图在"遮罩"通道添加一个"混合"MIX贴图，再分别给"颜色1"和"颜色2"通道添加"Perlin Marble"贴图，"混合量"设置为"50"的比例混合，如图4-3-41所示。

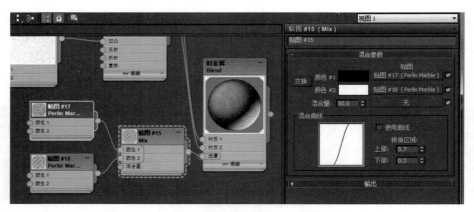

图4-3-41　旧金属的遮罩通道的设置

最后分别设置"颜色1"和"颜色2"的"Perlin Marble"贴图，一个Z方向角度为"-45"，一个纹理为"45"，其他参数如图4-3-42所示。

图4-3-42　遮罩通道的纹理参数设置

至此，破旧金属材质制作完成，可以渲染最终场景了。最终展示材质设置预览图和最终效果如图4-3-43所示。

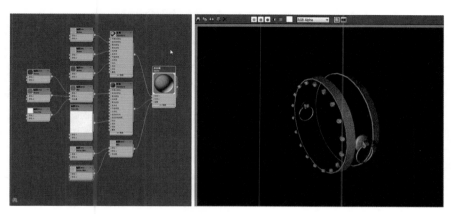

图4-3-43　旧金属的材质整理与最终渲染

关闭💡"独立显示"按钮，视图空白处右键"全部取消隐藏"，单击▦指定渲染器为"默认扫描线渲染器"，设置"单帧"渲染，输出尺寸大小1600*1200，选择Camera001摄像机视图，最终渲染，💾输出保存成JPG，如图4-3-44所示。

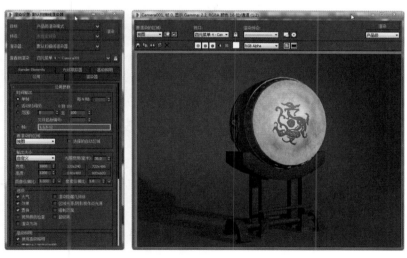

图4-3-44　战鼓的最终渲染出图

【任务小结】

通过任务3"战鼓"的材质制作学习，我深入学习了＿＿＿＿＿＿编辑器的使用方法以及如何完整地展开与整理一件复杂的道具UV，学会了运用＿＿＿＿＿＿命令来展平UV。任务中通过程序纹理来表现旧金属，也让我认识了＿＿＿＿＿、＿＿＿＿＿、＿＿＿＿＿＿等程序贴图。

问题摘录

　　挑战过程中，请把你遇到的困惑与问题摘录至下面划线中

_____

_____

_____

_____

_____

【自我评价】

说明：满意20分，一般10分，还需努力5分。

完成本任务学习后，请同学们在相应评价项打"√"，完成自我评价。并通过评价肯定自己的成功，弥补自己的不足。

自评＼项目	任务完成	问题解答	笔记补充	技能迁移	团队合作
满意（20）					
一般（10）					
努力（5）					

【挑战任务】

通过项目"战鼓"初步掌握了综合整理UV的能力，请尝试挑战完成本书教学"项目四"文件夹"效果文件\4-3战斧.max"，完成如图4-3-45所示效果。

图4-3-45　战斧最终渲染效果图

【职业技能训练任务】

船是重要的水上交通工具。在石器时代就出现了最早的船——独木舟，请你结合生活中对船的结构的理解，完成"项目四"文件夹"效果文件\4-3船.max"的材质贴图制作，完成如图4-3-46所示效果。

图4-3-46　船最终渲染效果图

职业技能对接

　　1．能根据物体模型形状拆分整理模型的UV，使贴图能平铺模型。

　　2．能根据模型的UV位置处理贴图，绘制绘图图形。